基于“南繁硅谷”建设的海南现代农作物种业提升路径研究

◎ 赵军明 著

中国农业科学技术出版社

图书在版编目（CIP）数据

基于“南繁硅谷”建设的海南现代农作物种业提升路径研究 / 赵军明著 .—北京：中国农业科学技术出版社，2020. 8

ISBN 978-7-5116-4942-3

Ⅰ. ①基… Ⅱ. ①赵… Ⅲ. ①种子-农业产业-产业发展-研究-海南 Ⅳ. ①F326. 1

中国版本图书馆 CIP 数据核字（2020）第 158892 号

责任编辑 姚 欢
责任校对 贾海霞

出 版 者 中国农业科学技术出版社
北京市中关村南大街 12 号 邮编：100081
电 话 (010)82106630(编辑室) (010)82109702(发行部)
(010)82109709(读者服务部)
传 真 (010)82106636
网 址 http://www.castp.cn
经 销 者 各地新华书店
印 刷 者 北京建宏印刷有限公司
开 本 710mm×1 000mm 1/16
印 张 12. 5
字 数 245 千字
版 次 2020 年 8 月第 1 版 2020 年 8 月第 1 次印刷
定 价 68. 00 元

本专著得到
海南省哲学社会科学规划项目（HNSK（YB）19-83）
中国工程院院地合作项目（18-HN-ZD-01）
资助

前　言

种子是农业生产中最重要的生产资料，种业是国家战略性、基础性的核心产业。近年来，国家出台多项举措推动种业发展，提出深化种业改革，逐步建立以市场为主导、种子企业为主体的商业化育种体系，以此来保障国家粮食安全和生态安全。

历年来，优良品种对提高农业综合生产力、保障农产品有效供给和促进农民增收作出了重要贡献。但同时，农业科研体制僵化、品种创新能力薄弱、企业规模小、竞争力不强、种子市场监管手段落后、法律法规不完善等问题长期困扰我国农作物种业发展，难以适应形势发展的需要。近年来，在种业国际化的大背景下，外国种业公司开始大举进入中国种业市场，致使我国部分种业公司面临被挤出种业市场、市场份额被蚕食、自主品种被外国种子代替等困境，危及我国粮食安全。

南繁是“中国饭碗”的底部支撑，同时也为世界粮食安全作出了中国贡献。杂交水稻、高产玉米、抗虫棉花等一个又一个农业奇迹在南繁这片温暖的土地上被创造出来。据统计自新中国成立以来育成的7 000多个农作物新品种中，超过77%的品种经历过南繁洗礼。而海南作为杂交水稻发祥地和最大野生稻原生地，拥有得天独厚的种业资源，加上其优越的地理、气候、水质和温光等自然条件，使海南在我国南繁事业发展过程中发挥着不可替代的作用，其南繁成果对全国种子的生产和供应以及粮食生产都具有极其重大的影响。因此，加快推进海南农作物种业发展，不仅提升我国种业在国际上的竞争力以及品种创新力和供种保障力，而且为国家推动农业改革开放发挥重要作用。

鉴于上述情况，著者开展了基于“南繁硅谷”建设的海南现代农作物种业提升路径研究。本书围绕国家发展战略，主要分为四大部分：第一部分包括第一章和第二章，介绍本研究相关的国内外研究进展及有关理论基础；第二部分包括第三章、第四章、第五章，对中国种业的发展历程、发展现状与趋势、国际竞争力以及国外种业发展模式进行了分析；第三部分包括第六章、第七章，对海南南繁种业发展现状进行梳理，并对海南省种子企业、管理机构、生产基地、农户等进行实证分析；第四部分包括第八章、第九章，在前七章研究的基础上，总结海南省省种业发展取得的成效，剖析种业发展存在的问题，提出提升海南省种业发展的总体思路及对策建议，供相关职能部门参考。

在本书编写过程中得到有关政府部门和企业的指导和帮助，在此表示感谢！除本书所列出的参考文献外，还有许多参考文献未一一列出，谨向有关作者表示歉意。由于时间紧，加上著者的研究和写作水平有限，书中难免存在不足之处，恳请读者批评指正。

著者

2020 年 6 月

研究主要结论

著者通过深入调研，结合研究的内容，主要得出以下几个方面的结论。

（1）中国种业发展历史悠久，现代种业发展经历了非商品化阶段、部分商品化阶段、垄断经营阶段、市场化经营阶段4个阶段。近年来，中国种业取得了显著成效，品种选育水平逐步提升、良种供应能力逐步提高、种子企业实力逐步增强、种子法律法规和管理体系逐步完善；中国种业发生了深刻变化，种子技术实现了高新化、科研成果实现了产权化、种子生产实现了区域化、种子经营实现了市场化，随着国外种业巨头的进军及市场需求的变化，世界种业对中国种业新品种培育及企业经营产生深远的影响。同时，对中国种业发展趋势做了初步判断：传统育种技术向着与生物技术为代表的高新技术结合转变，种子的生产由粗放型向集约化大生产转变，种子的生产由粗放型向集约化大生产转变，种子经营由分散、小规模区域计划经营向专业化、集团化和参与国际化市场竞争转变，由科研、生产、经营脱节向育繁推、产加销一体化转变。

（2）从世界种子贸易状况及知识产权现状来看，中国种子处于净进口状态，中国虽然拥有世界上第二大种子市场，但在世界种子市场竞争中，得到的国外市场份额少，而失去的国内市场份额多，显然处于市场竞争的劣势地位。从中国种子企业品种权的申请和授权数量比较来看，中国植物品种权的年申请量一直保持在国际植物新品种联盟（UPOV）成员国第四位，有效品种权量前十位。影响中国种业核心竞争力的主要因素在于企业规模小、科研投入少、转化率低、知识产权保护效果尚未充分体现、缺乏先进的管理和运行方法与经验。中国种业市场未来竞争趋势是未来种业竞争将日趋激烈，行业集中度快速增强，研发能力、营销能力及标准化、规模化程度成为企业获得持续竞争优势的重要途径。

（3）从世界种业发展的历程来看，与中国种业发展相似，也是由政府管理到过渡阶段、垄断阶段、市场化竞争阶段，说明从种业发展的规律来看，种业最终应该走向市场化；通过对种子市场化管理体制、种子产业管理模式、质量认证管理、农业科技创新体系等方面的国外经验借鉴分析，种子企业对研发投入的快速增长是种业发展巨大推动力，同时重视品牌的建设与保护，以法治种，保证质量也是其成功的经验之一。从世界种业发展的特点及趋势来看，种业作为国家战略产业地位进步明确，种业发展迅速，市场价值快速增长，引发种子公司重组、兼并热潮，产业集中度明显提高，私人公司或组织逐步成为种业主体。

（4）通过调研数据分析发现，海南省种业发展严重滞后，与全国其他农业大省、用种大省的差距较大。科研机构的调查问卷统计分析显示，科研机构科研经费投入严重不足，科技创新动力不足，科研体制约束导致科研工作困难重重；全省 31 家种子企业的调查问卷显示，海南省的种子企业规模小，基本上属于经营型企业，无力进行种子科研活动，企业核心竞争力薄弱；种植户的调查问卷显示，农村劳动力结构发生了重大的变化，妇女、老人、儿童比例的提高对保障种业生产提出了挑战。农户对种子重要性的认识有了很大提高，基本上通过经销商的渠道购买种子，同时农户对种子品牌还没有建立一定的忠诚度，种子企业的品牌建设急需加强。大部分农户认为种子价格偏高，市场上品种多、乱、杂，种子经营主体经营行为混乱，市场监管急需加强。在此基础上，提出制约海南省种业发展的四大因素，即科技创新能力不强、供种保障能力面临威胁、企业核心竞争力不强、种业发展环境不佳。

（5）建立了海南省种业发展的指标体系，包括科技创新能力、供种保障能力、企业竞争能力、市场监管能力四个方面，量化未来海南省种业发展的主要目标。进一步明确了为保障目标实现的具体内容，加快提升种业科技创新能力、供种保障能力、种子企业市场竞争能力和市场监管能力，形成以产业发展为主导、企业为主体、基地为依托、产学研相结合和育繁推一体化的现代农作物种业体系。根据海南省农业资源禀赋条件和未来 10 年保障国家农产品供给安全的需要，结合海南省优势和特色，按品种对海南省粮食作物、经济作物等的种业区域布局进行合理规划。

在此基础上，著者最后从优化资源配置，促进税收等优惠政策继续向种业倾斜、继续推进规模化种子企业、加强知识产权保护，提高自主知识产权保护能力、进一步推动种业对外开放等方面提出海南省种业发展的政策建议和现实路径选择建议。

目　　录

图表目次

第一章 总论

农作物种业作为国家战略性、基础性的产业，目前正处于转型时期，海南既有发展农业的环境优势，又有南繁优势。自贸港建设以来，海南省将种业发展作为未来三大重点发展方向之一，它将会以什么样的态势发展？其未来发展路径与竞争力如何？这些问题值得研究和关注。

第一节 研究背景与意义

一、研究背景

改革开放后特别是进入21世纪以来，中国农作物品种选育水平、良种供应能力、种子企业实力有较大幅度的提升，优良品种对提高农业综合生产能力、保障农产品有效供给和促进农民增收作出了重要贡献。随着城镇化进程的加快，中国的耕地面积逐年减少，但粮食生产能力逐年提升，粮食产量从“五连跌”到“八连增”，再到连续5年粮食产量超过500亿kg，中国粮食生产实现了跨越式发展，人均粮食占有量已超国际公认安全线。“十一五”时期共增产6 239万t，其中种子在粮食增产中的贡献份额达到了35%以上。但同时，品种创新能力不强、供种保障能力较低、企业数量多、规模小、种子市场监管手段落后、法律法规不完善等问题长期困扰中国农作物种业发展，难以适应形势发展的需要。在粮食“八连增”的光环背后，我们应该看到中国种业目前基本上处于“吃老本”的状态，急需加快改革步伐，注入新的活力。

2000年《中华人民共和国种子法》（以下简称《种子法》）的颁布实施拉开了中国种子市场化改革的序幕，改变了国有种子公司一统市场的局面。各路资本纷纷进入种业市场，民营种业公司、中外合资公司、科研院所自办公司、农技推广人员“自立门户”，甚至还有一部分“皮包公司”。使全国注册500万元以上的公司已达8 700多家，形成了“小、散、乱”的局面。在种业国际化背景下，外国种业公司近年来大举进入中国种业市场，致使中国部分种业公司面临被挤出种业市场、市场份额被蚕食、自主品种被外国种子代替等困境，给中国种业发展带来巨大压力，并危及中国粮食安全。近年来发达国家不仅在农产品的国际贸易中打压中国，还逐步占领中国种业的高端市场，如蔬菜、花卉、水果等主要农产品的种业发达国家已经处于主导或垄断地位。保证国家对种业的控制力和主导力，做大做强中国的民族种业，牢牢掌控中国粮食的“命脉”，已成为我们这个世界人口大国的重要话题。如果我们不加快种业发展，从源头保障中国农产品的安全、稳定供给，未来10年将面临严峻挑战。一旦发达国家通过种业控制中国的农产品，将会给国家带来极大的安全隐患，种业发展进入关键的战略攻坚时期。

在这样紧迫的形势下，国家对种业高度重视，将种业作为农业发展的突破口。2011年4月国务院出台了《国务院关于加快推进现代农作物种业发展的意见》（国发〔2011〕8号），2012年12月26日国务院办公厅颁布了《2012—2020年全国现代种业发展规划》。2012年中央一号文件聚焦农业科技，其中发展现代种业成为重中之重。2014—2019年中央一号文件都涉及种业发展的内容，不难看出种业发展的重要性。2016年国家出台的《国民经济和社会发展第十三个五年（2016—2020年）规划纲要》《全国农村经济发展“十三五”规划》《主要农作物良种科技创新规划（2016—2020年）》均提出培育壮大具有核心竞争力的种子企业目标，保障国家粮食安全，将种业发展置于前所未有的战略高度。

为贯彻落实《国务院关于加快推进现代农作物种业发展的意见》（国发〔2011〕8号）、《种子法》，海南省先后出台《海南省人民政府关于深化种业体制改革推进现代农作物种业发展的实施意见》《海南省现代农作物种业发展规划（2016—2025年）》等支持种业发展的政策，并在全国率先开展调研学习，清理废止了《海南省天然橡胶种苗生产经营管理办法（试行）》（琼农字〔2010〕159号）、《海南省非主要农作物品种认定办法》（琼农字〔2012〕97号）等不符合新修订《种子法》规定要求的规范性文件，发布了《海南农作物种子管理条例》（2018年9月经省人大审议通过实施），建立健全了海南省种业发展的政策与法规体系，为稳步构建产学研相结合、育繁推一体化的现代种业体系，进一步规范品种选育、种子生产经营和管理行为提供了良好的政策与制度保障。在组织管理上进行优化，先后成立海南省南繁管理局，组建海南省农业农村厅种业管理处，撤销海南省农业技术推广服务中心，并将海南省种子总站升级为正处级农业专业技术独立法人机构事业单位，优化了种业管理机构，使国家南繁运行管理、农作物种业管理等工作更加协调、高效，为海南省种业发展保驾护航。

二、研究意义

“国以农为本，农以种为先。”中国作为农业生产大国和用种大国，农作物种业始终是国家战略性、基础性的核心产业，是促进农业长期稳定发展，保障国家粮食安全的根本。正因为如此，近年来，种业的发展受到国家的高度重视，国务院、农业农村部、地方政府陆续出台了相关的政策来引导其发展，但政府的政策是否达到预期效果？种业发展状况如何？不同区域种业发展差异如何？根源是什么？针对种业竞争力不强如何进一步提升种业竞争？这些问题都值得深入研究。

我国作为传统的农业大国，种业起步与发达国家相比至少晚近 30 年。为建设中国特色现代农业，加快我国种业转型升级，2011 年 4 月国务院印发的《关于加快推进现代农作物种业发展的意见》中，首次明确提出：“种业是国家战略性、基础性的核心产业，是促进农业长期稳定发展、保障国家粮食安全的根本。”随后，国家出台了一系列政策性文件，提出要培育壮大具有核心竞争力的种子企业，促进种业的创新发展。2020 年农业农村部制定印发《2020 年推进现代种业发展工作要点》，提出要聚焦“1 个重点”，强化“3 个统筹”，提升“4 个能力”。其中，提升“4 个能力”是加快提升品种创新能力、企业竞争能力、供种保障能力和依法治理能力，加快建设现代种业强国，打造农业农村现代化的标志性先导性工程，如何提升这 4 个能力，将是未来研究重点之一。

海南省独特的区位优势，拥有发展现代农作物种业得天独厚的自然条件，是我国重要的南繁育种科研基地，是“中国饭碗”的底部支撑，同时也为世界粮食安全作出中国贡献。从杂交水稻、高产玉米到抗虫棉花的一个又一个农业奇迹在南繁这片温暖的土地上被创造出来，自新中国成立以来育成的 7 000多个农作物新品种中超过 77%经历过南繁洗礼。但海南省种业发展到今天，依然存在行业分散、科研投入少、企业创新能力差，缺乏自有品种、核心竞争力不强等诸多问题。那么，在海南自贸港建设背景下，种业作为海南省未来发展的三大产业之一，将会以什么样的态势发展？其未来发展路径与竞争力如何？这些问题值得研究和关注。

第二节　研究目标与研究内容

一、研究目标

（1）应用产业发展理论、比较优势理论、技术创新理论、规模经营理论、农户交易费用理论、竞争优势理论等，对农作物种业的经济发展规律、国际国内竞争力、发展模式等问题进行研究。

（2）通过查阅大量的文献，了解国内外种业对外开放的相关政策、建议措施等，提炼出符合海南种业发展的相关文献，为后续研究奠定基础。

（3）通过走访及实地调研海南种子企业及相关政府部门了解海南省农作物种业发展现状及存在的问题，走访及实地调研包括企业类型及规模、市场容量、生产能力、贸易以及种质资源保护、种业监管和信息化、示范推广、保障能力建设等情况。

（4）通过 SWOT 分析工具对海南省种业对外开放的优、劣势因素、机会和威胁性因素以及政治、经济、社会、科技宏观环境进行分析。

（5）根据海南省种业发展的实际情况，结合国内外有关种业发展建议等，提出海南农作物种业发展路径的建议。

二、研究内容

（1）分析种业相关的国内外研究现状及理论基础。

（2）对中国种业的发展历程进行梳理，对中国种业发展现状、发展趋势以及中国种业竞争力进行分析；通过研究种子国际贸易现状，分析影响中国种业竞争力偏弱的主要因素。

（3）对海南省种业发展现状进行梳理，通过对海南省种子企业、管理机构、生产基地、农户等进行实地走访和问卷调查进行统计分析，找出海南省种业发展存在的问题以及制约因素。

（4）通过梳理海南省种业对外开放的政治、经济、社会、科技宏观环境，分析海南种业对外开放的优势因素、劣势因素、机会因素和威胁性因素。

（5）在前期研究的基础上，提出提升海南省农作物种业对外开放的路径建议。

第三节 技术路线、研究方法与数据来源

一、技术路线

本研究采取“研究背景—基础分析—应用分析—政策建议”的四步骤的技术路线（图 1-1）。具体如下：①文献资料和数据的收集、整理和分析；②分析海南省实际情况，计算相关指标；③运用计量经济学方法建立实证模型，对影响海南省农作物种业竞争力的因素进行实证分析；④发展路径建议。

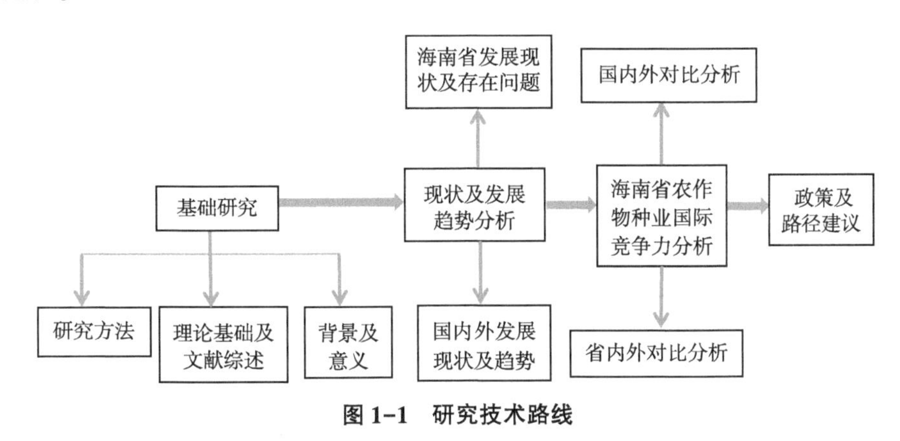

图 1-1 研究技术路线

二、研究方法

1. 文献研究法

通过研读大量有关农作物种业发展的相关概念、研究进展及政策等资料，并对其进行分析和整理，概括和总结了一些基本观点，汲取国内外研究的一些重要思想观念，为进一步研究打下了基础。

2. 调查法

通过实地考察、召开座谈会和发放调查问卷等形式，对种业管理部门、涉农高校与科研院所、种子企业、典型区域开展全面调查，了解海南省种业发展现状，听取育种者、生产者、经营者、管理者对种业过去、现在和未来发展的态度和看法。

3. SWOT+PEST 分析法

综合运用 SWOT 和 PEST 两种战略环境分析工具，系统分析海南省种业发展的内部优势因素、劣势因素、机会因素和威胁性因素以及政治、经济、社会、科技宏观竞争环境。

4. 个案研究法

通过对典型种子公司、科研机构进行个案调研分析，同时借鉴国内外种业发展的成功经验，为今后国家尤其是海南种业发展提供参考和借鉴。

三、数据来源

海南省农作物育种科研单位、种子企业、农户的数据通过实地调研及问卷统计而来，其他数据来源于《中国统计年鉴》《中国科技统计年鉴》《中国农业年鉴》《海南省统计年鉴》，以及国际种子联盟、世界粮农组织、中华人民共和国海关总署官方数据。

第四节　国内外研究进展

一、种业发展阶段的理论研究

现代种子产业始于 19 世纪，兴盛于 20 世纪中叶。目前，世界种子产业比较发达，竞争力较强的国家有法国、美国、日本、荷兰、澳大利亚、加拿大等，这些国家的种业理论研究和管理体制已经相当成熟。以美国为代表的现代种子产业大体经历了政府管理（1900—1930 年）、立法阶段（1930—1970 年）、垄断经营（1970—1990 年）、跨国公司竞争（1990 年以后）4 个时期。Douglas（1980）研究了种子企业的发展阶段，并提出了一定的划分标准，对西方国家的种业管理体系提出了一种构架。

Morris（1998）认为种业的发展阶段可以分为 4 个阶段：①前工业化阶段；②产业阶段；③快速发展阶段；④成熟阶段。

蒋丽娟（1999）研究了波兰种子工业的发展历程。

黄钢（2006）分析了发达国家种业的发展历程，将其分为 4 个阶段：①19世纪中叶至 1930 年，近代种业孕育阶段；②1930—1969 年，近代种业发展阶段；③20 世纪 70—80 年代，现代种业发展阶段；④20 世纪 90 年代至今，科技种业发展阶段。

吴秀农等（2007）研究了中国种业发展的特点，将其大致分为4个阶段：①1949—1957年，家家种田，户户留种；②1958—1977年，四自一辅；③1978—1994年，四化一供；④1995年以后，种子工程。

袁志峰（2008）将中国近期种业分为3个阶段：①计划经济体制下“地繁，县制，县供”计划供种阶段；②计划经济与市场经济双轨阶段；③种子市场开放阶段。

夏敬源（2009）在第二届生物技术与农业峰会上讲话，将中国种业的发展分为3个阶段：①1978—1995年，产业形成阶段；②1996—2000年，转轨发展阶段；③2001年以后，产业化发展阶段。

二、种业科技创新的理论研究

Hayami等（1985）在研究20世纪60年代的“绿色革命”中出现的新品种技术转移活动之后，提出了诱导技术创新的理论。Anderson等（1994）对农民采纳新品种的技术选择经济行为进行了一系列的研究。胡瑞法（1998）研究了种子技术系统创新体系的7个环节。张玉清（2001）提出科技创新引导企业全面发展，强调了知识经济是种子产业化得以实现的理论基础，要发挥信息管理的决策作用，让品牌意识来占领市场。傅新红等（2004）提出农业品种创新中的各个环节都有多个不同的主体参与，形成一种多元化的创新主体。宁家林（2004）提出科技型种业发展策略创新可以从观念创新、制度创新、机制创新、科技创新、管理创新、经营策略创新、品牌创新七个方面着手。林祥明（2006）统计分析并验证了植物新品种保护制度对中国育种者创新能力的激励效果，发现植物新品种保护制度能较大限度地调动育种者的研发热情和加大研发经费的投入。John R. Secret Venzke（2009）强调种业的核心价值在于创新，其动力则来源于知识产权保护。

耿月明等（2009）强调了种子科研对于中国农业生产的重要性。目前，由于投入不足，对科研的重视不够，企业的竞争力不足，很多企业对科研的认识较浅薄，且国家对企业的扶持不够。我们必须树立一种科技创新的主体是企业的思想，建立新机制来推动种子企业进行科研活动和投入，鼓励并大力扶持企业搞科研，促进产、学、研相互融合，提高种业科研行业总体水平。王士坤等（2010）综述了中国农业科技创新的现状，提出了几点提高种业科技创新能力的措施。他认为种业竞争的基本要素是品种、品牌、人才、资金等，通过资金引进人才、设备，通过人才创造品种品牌。现阶段中国种子企业科研滞后，部分高级育种单位项目往往会出现低水平的重复，工作效率较低，浪费严重。而且，一些基层单位的育种研发尚处于初级阶段，缺乏育种研发人员，资源有限，基础薄弱。种子企业依赖科研育种单位的局面在短期内难有较大突破，必须引进科技创新人才，优化资源配置，推进品种创新、种子繁育技术创新、种子检验创新。

李继军等（2010）强调技术创新是种子企业发展的核心动力。创新是中国种子企业发展的必由之路，技术创新是种子企业生存之本，管理创新是种子企业发展的活力，营销创新是种子企业持续发展的动力，制度创新是种子企业发展的基础，合作创新是种子企业和谐发展和共赢的必由之路。陶承光（2011）提出种子企业自主创新能力不足，是制约中国民族种业发展的一个关键因素。种业创新存在矛盾的二元结构，一方面企业研发创新能力弱，大多数种子企业“只买不研”，企业经营管理水平较低，另一方面一些科研机构培育出突破性的新品种，通过一体化战略成立种业公司对品种资源的控制，从而提出优势互补、多种方式兼并重组的种业科企联合的战略措施。

李强（2011）认为种业的基础在于科技。种业高度依赖科技创新，中国需要汲取和借鉴国外的以企业为主题的高投入研发模式，以现代生物技术为关键，着力拓展种业产业链的发展经验，逐步引导种子企业为创新主体，重视中下游产业链的拓展，攻克生物育种。争取在科研创新、新品种培育和推广等方面加快步伐，在做大种业市场的同时，提高种业科技含量，改善种子质量，真正把种业打造为现代农业的核心环节。张兴中（2011）对中国科技创新存在的问题进行了深入细致的研究。种业位于农业产业链条中最上游，是基础性和战略性产业。然而，中国种业科技创新存在种质资源开发创新及保护不足、品种多而杂、突破性品种少、规模小、生产效率低下等问题，已经日益成为制约中国种业科技创新的瓶颈。中国应该强化种业的基础性和公益性研究，构建分工明确的种业科技创新体系，加大创新人才的培养，实施国际化战略。强国柱（2011）强调“十二五”推进农业科技创新中的一项重要工作就是要做大做强现代种业。实现种业科技创新需要加强统筹协调，以科学发展观为指导，推进体制改革和机制创新，完善法律法规，整合农作物种业资源，加大政策扶持，增加农作物种业投入，强化市场监管，快速提升中国企业竞争能力、供种保障能力和市场监管能力，构建以产业为主导、企业为主体、基地为依托、产学研相结合、“育繁推一体化”的现代农作物种业体系。任启彪等（2011）提出推动种业科技创新需要加大品种权执法力度。2010 年农业部（现农业农村部）提出要深入推进高种业的产学研合作来促进种业的科技创新。邓光联（2017）从种业创新的意义、基本模式等方面进行了总结。

三、种业产业化的理论研究

种业产业化是指在种业产业的品种选育、种子生产、种子技术推广、种子营销等环节的一体化。在企业化的经营管理运作下，以市场为导向，包括了科研育种、种子生产加工、销售及服务等多个环节。

李肃（1999）认为中国种业产业化的三大战略：一是推动高科技发展，实现种业规模化经营；二是实施规模化营销网络，实现种业公司市场化整合；三是探索系列化经营模式，实现种业公司多元化发展。金龙新等（2000）研究认为，中国种业的产业化体制存在诸多弊端，种子企业的生产规模不够，种子质量较差，种子市场受到打击。江覃德（2002）认为，在种业产业过程化中，种子生产加工的主要功能与作用是获得形式产品，从而使种子商品化后在市场上流通。它是种子企业将核心产品物化的必经之道。种子生产加工包括原种（亲本）繁殖、种子生产、收购、贮运、精选、包衣、检验、包装、标牌等多个环节。李仲华等（2006）阐述了辽宁种业产业化的发展思路。认为实现产业化要从深化改革，创新经营体制，提高种业的综合实力等方面入手。周浩承（2008）在对种子产业的研究中指出，种子产业包括品种选育、种子生产加工、种子经营三大组成部分。邱军（2010）分析了实施种子工程以来，中国种子管理体制法律法规日益健全，产业集中度得到提高，品种更新速度加快，良种供应能力提升，种子产业面临着机遇和挑战。针对企业多小散，竞争力不强，企业研发创新能力弱，服务意识不强，企业管理水平较低，行业监管力度不够等问题，提出了一些相应的对策。他认为应认清种子产业的战略地位，加大投资力度，促进企业兼并重组，实现产业集约化，提升企业研发创新能力，加大行业监管力度，营造良好的市场竞争环境。张宁宁（2015）认为品种选育包括种质资源收集和育种两个环节，种质资源收集是育种的基础，育种是对种质资源的开发利用。

四、种业竞争力研究现状

美国种业至今已有 200 多年的历史，种子由自给自足走向商品化，实践证明大型种子企业的优越性越来越明显，具有雄厚资本的种子企业逐渐成为种业创新的主体，掌握优质种质，控制了种业的命脉。John R. Thomas（2011）认为 19 世纪 70 年代以后，私人种子公司逐步取代政府成为种子创新和分配的源泉。到 20 世纪时美国农业基本完成从自给自足到市场化生产的转变，随之也遇到种业发展的瓶颈，即“自由种子项目”与贸易自由化的矛盾。Cornejo 等（2012）认为公共部门的种子经营活动都被私人部门的商业企业所取代，中小种子企业被兼并，大型和超大型种子公司发展成为种子市场的主体。H. Howard 等（2010）从产业链的角度对孟山都、杜邦等的竞争力进行了研究。Priscilla 等（2012）运用价值链分析法对赞比亚种子产业进行研究。Carl E. Pray 等（2001）在研究印度种业问题时，提出产品因素对种业发展的影响不容忽视，种子产品的质量可以对种业的发展起到巨大推动作用。Carl E. Pray（2008）分析了印度市场化改革对农户及种子产业的影响，发现市场化改革导致印度种业市场的竞争增强，促使种子企业对科研的投入力度加大，向创新性发展，整个过程中受益最大的是从事劳动生产的农民。David E. Schim melpfennig 等（2004 年）分析了种子产业集中度对种业竞争力的影响。据 ETC group 的数据显示，国际市场大约 50%的大豆市场和 65%的玉米市场都被世界前三大种业公司所占有。Abbott（2007）对世界种子行业的发展现状和趋势进行了归纳总结，提出了差异化聚焦战略有助于种子企业发展的观点，通过差异化战略可以提高种子企业的竞争优势。

近年来，国内诸多学者纷纷研究种业竞争力问题，并提出了多种竞争力评价方法和理论观点。郭倩倩（2015）在系统调查收集种子行业和主要种子企业的生产、经营、服务、科技数据的基础上，构建了种子企业竞争力评价体系，利用综合指数法、层次分析法、主成分分析法比较国内外上市的种子企业竞争力。王炜玮（2013）在全面分析安徽省种子企业发展所面临的优势、劣势、机遇和挑战的基础上，运用因子分析法研究种子企业竞争力影响因素，并对安徽省内外龙头企业竞争力影响因素的因子得分进行对比分析。范宣丽（2015）运用产业竞争力评价的 GEM 模型，从品种资源、育种设施、供应商及相关辅助行业、公司经营状况、本地市场与外部市场等影响北京种子企业市场竞争力的主要因素进行定性分析；利用上市种子企业的财务数据，从财务分析的角度定量分析北京龙头种子企业的竞争力。叶献伟（2012）以波特钻石模型理论为基础，从生产要素、需求状况、相关与支持性产业、企业战略结构与竞争状况、机遇与政策等六个方面，分析了影响河南种业竞争力的条件和因素，进一步探讨了提升河南种业竞争力的对策。彭玮（2012）通过调研数据分析发现，湖北省种业发展严重滞后，主要体现在科技创新能力不强、企业核心竞争能力不强等方面。马琨等（2019）深入剖析吉林省玉米种业的现状及现存问题，系统评价吉林省主栽玉米品种的生产效率和种子企业竞争力，科学研判市场需求变化和玉米品种有效供给能力，在借鉴国际经验基础上提出玉米种业竞争力提升的具体路径。

李欣蕊等（2015）通过 SWOT 分析法对我国种业内部发展的优势与劣势、外部环境的机遇与威胁进行分析，采用层次分析和系统评估 SWOT 要素，进而得到各要素的优先权数与发展短板。苏硕军等（2012）运用显示性比较优势指数和贸易竞争优势指数测算中国种业国际竞争力，基于波特钻石模型，分析中国种业国际竞争力的影响因素。杨娇等（2014）通过调查新疆 25 个种子企业的相关指标，运用主成分分析法对指标进行分类，研究提升新疆种子企业竞争力的主要因素，并建立种子企业竞争力评价指标体系，评价新疆种子企业的竞争力。李首涵等（2019）通过山东种业龙头企业典型案例，从企业规模、盈利能力、研发创新等方面对种子企业竞争力问题进行研究。熊鹰等（2015）从资源禀赋、发展能力和产业环境 3 个方面构建了玉米种业竞争力评价指标体系，运用因子分析法对中国 30 个省、自治区、直辖市的玉米种业竞争力进行了评价与分析，识别出四川省玉米种业竞争力水平及其在全国所处的地位，探讨了四川省玉米种业发展的优势和制约因素，并提出了相应的对策建议。陆龙千等（2019）基于波特钻石理论模型，从 6 个要素方面对广西种业竞争力的分析，并提出对策建议。

邬兰娅等（2014）认为种业是国家战略性、基础性核心产业，是农业长期稳定发展的根本保证，并从产业链的“四力模型”视角对比研究中美种业发展历程、现状与特征，深入挖掘影响我国种业竞争力的根本原因。竺三子等（2014）运用因子分析法，以具有区域、行业典型性的安徽省内外种子企业为代表，对省内外种子企业竞争力影响因子进行了对比分析，提出通过提高企业经营管理水平、拓宽企业融资渠道、增强企业科研创新能力等途径，增强省内种子企业的竞争力。王磊等（2013）从种业市场份额角度开展了中国种业国际竞争力研究，运用统计分析与显示性比较优势指数、出口质量升级指数等常用市场份额分析指数对中国种业国际竞争力进行了描述性与实证分析。王爱群（2007）运用中观、微观经济理论，在充分了解全国及吉林省农业产业化龙头企业发展历史、现状的基础上，对影响其发展的每个关键因素（竞争力、辐射能力、生产基地、经营机制等）系统地进行了横向、纵向比较研究，并运用主成分、对应分析等定量分析方法进行了实证分析。张宁宁（2015）认为我国种业市场开放较晚，国内种业竞争力较弱，随着跨国种业巨头的到来，我国种业发展受到严重威胁，并在此背景下，运用经济学等理论对跨国种业公司的经营行为进行了分析。朱冰凌（2016）首先从影响因素、机理和效应 3 个角度定性分析跨国公司对中国种子产业竞争力的影响，并用进出口情况、国际市场占有率指数、种子企业竞争力等6个指标综合评价了中国种业国际竞争力发展趋势，将相关趋势图与跨国公司活跃度时间表进行对比分析，以此确定跨国公司对种业竞争力的影响程度。温凤荣（2014）以山东省为例，由表及里揭示了影响山东省玉米产业竞争力的直接影响因素、间接影响因素和深层次因素，并对提升山东省玉米产业竞争力提出政策建议。

五、中国种业发展路径研究

部分学者对中国种业的发展路径做了一些初步的探索。张孟玉（1996）研究了美国种业发展的特点，提出要加强与美国客户的交流，在种子生产—销售—进出口贸易等诸多环节，应该严格依据国际惯例，提高中国信誉，提升质量，逐渐接近各类国际国内标准。王卫中（2005）研究了中国种业发展的路径，提出要借鉴美国经验，利用产业整合来促进种业发展。他认为现阶段应该先进行横向整合，并购低端企业，进行适度的纵向整合，然后通过产品差异提高企业竞争实力，使其适度专业化。黄钢（2006）认为，跨国种业公司呈现经营优势凸显、技术创新领先、种子科技价值链全球治理的趋势。中国种业发展的关键路径在于种子科技价值链创新管理，构建现代种子管理体系，培育种子科技企业集群。陈燕娟等（2008）分析了中国种子企业的发展路径，认为国际化、规模化是将来种子行业发展的必然选择，与该行业配套的资本、技术、人才在国际上的流动将逐渐频繁，种子企业的发展必须着眼全球。刘九洋（2009）研究了种业决策者的心理，提出种业之间大规模强势联合已经成为必然趋势。建议在思想上转轨，在观念上更新，树立种业全球化观念，清除计划经济烙印，将竞争与合作直接联系在一起，做到以人为本、创新跨越、竞争合作、持续发展。彭玮（2015）对湖北省农作物种业发展路径展开研究，提出了中国的种业发展要有宏观发展规划和清晰的路线图，并提出6个建议：一是加快国内种业资源整合，快速提升国内种子企业国际竞争力；二是构建和完善以企业为主导且产学研紧密结合的创新体制；三是构建种业发展的长效机制，必须从产权和种业的机制活力等关键环节上突破；四是利用竞合优势，加大种业科技开发和优化资源配置；五是提高供种能力，保障国家粮食安全；六是健全管理机构，提高市场监管能力。

第二章 种业发展的理论基础

第一节 种业发展相关概念

一、种子

对于种子概念的理解，在不同的领域有不同的解释。

1. 植物学上的种子

种子在植物学上是指由胚珠发育而成的繁殖器官，一般需经过有性过程。

2. 栽培学上的（农业）种子

在农业生产上，种子是最基本的生产资料，其含义要比植物学上种子广泛得多。凡是农业生产上可直接作为播种材料的植物器官都称为种子，为了与植物学上的种子有所区别，后者称为“农业种子”更为恰当，但在习惯上，农业工作者为了简便起见，统称为种子。一般情况下，我们所讲的种子，多指农业生产上所用的各种农作物的播种材料。目前，世界各国所栽培的作物包括大田作物、园艺作物和森林树木等，播种材料种类繁多，大体可分为以下 4 类。

（1）真正的种子。真正的种子是植物学上所指的种子，它们都是由胚胎发育而成的。如豆类（少数除外）、棉花、油菜及十字花科的各种蔬菜、黄麻、亚麻、烟草、瓜类、茄子、番茄、辣椒、茶等。

（2）果实型种子。某些作物的干果，成熟后不开裂，可以直接用果实作为播种材料。如禾本科作物的颖果（小麦、玉米等为典型的颖果，而水稻因外部还包有稃壳，在植物上称为假果）；菊科植物（如向日葵、除虫菊等）的瘦果；伞形科植物（如胡萝卜、芹菜等）的双悬果。在这些干果中，颖果与瘦果在生产上占有十分重要的地位，由于它们内部仅包含一颗种子，而在外形上却和真种子类似，所以在作物学上往往称为“籽实”，意为种子的果实（籽实与真种子均可称为籽粒）。而禾谷类作物的籽实有时也称为“谷实”或“谷物”。

（3）营养器官。有些种类的植物除种子和果实能形成新个体外，营养器官也能形成新个体，而有些植物在一定的生存条件下只能用营养器官繁殖后代。如马铃薯、菊芋的地下块茎；甘薯、山药的地下块根；大葱、大蒜、百合的地下鳞茎；莲藕、姜、草莓的地下根茎；金针菜的根系分株；荸荠、慈姑和芋的地下球茎；甘蔗的地上茎以及苎麻的吸枝等都属于营养器官。以上这些作物，多数能开花结籽，并可供繁殖用，但在农业生产上一般均可利用其营养器官进行种植。由这些营养器官形成的新个体常能显示其特殊的优越性，只有在少数情况下，如进行杂交育种时，这些植物才能直接利用种子。

（4）繁殖孢子。食用菌有野生的，也有人工栽培的，种类很多。食用菌的繁殖基本上都是依靠孢子。如野生的“猴头”，在干燥之后呈淡黄色块状，表面布以子实层，子实层上着生许多孢子，成熟了的孢子能随风飘扬，落到临近树上的树洞里或枯枝上，当遇有适宜的环境条件后便会迅速发育，生长出新的“猴头”来。又如栽培蘑菇的生活周期就是孢子→一次菌丝→二次菌丝→子实体原基→子实体→孢子的世代交替过程。

3.《种子法》中的种子

《种子法》中所称种子是指农作物和林木的种植材料或者繁殖材料，包括籽粒、果实、根、茎、苗、芽、叶等。

4. 包衣种子

“包衣种子”即用人工方法包裹一层胶质的天然种子。根据种子包衣所用材料性质（固体或液体）不同，包衣种子可分为丸化种子（或种子丸）和包膜种子。国际种子检验协会对丸化种子的定义：“为了精密播种而发展的一种或大或小的球形种子单位，其大小和重量的变化范围可大可小，包壳物质可能含有杀虫剂、杀菌剂、染料或其他添加剂。”

5. 人工种子

随着体细胞杂交、基因工程、组织培养等现代生物科学技术的飞速发展，世界范围内都在致力于“人工种子”的研究。人工种子的概念于 1978 年在第四届国际组培会上由美国生物学家首次提出。“人工种子”又称合成种子、人造种子或无性种子，与上述提及的种子概念不一样，是指通过组织培养，诱导产生体细胞胚（培养物），再用有机化合物加以包裹，并具有一定的强度，由此获得的可以代替种子的人工培养物。目前研制成的人工种子由人工种皮、人工胚乳和体细胞胚（培养物）三部分组成。

总之，在农业生产上，不论何种作物的种子，都是前后两季作物联系的桥梁，每个作物品种所具有的生物学特性和优良经济性状都必须通过种子传递给后代。因此，前季作物的种子对下季作物的生长发育、适应环境的能力以及产量的丰歉等，都具有决定性作用。

二、种质与种质资源

1. 种质

种质指决定生物遗传性状，并将其遗传信息从亲代传给后代的遗传物质，在遗传学上称为基因。携带种质的载体可以是群体、个体，也可以是部分器官、组织、细胞、个别染色体或 DNA 片段。种质是作物育种的物质基础。

2. 种质资源

种质资源又称遗传资源或基因资源，是指携带生物遗传信息的载体，且具有实际或潜在利用价值的一切生物材料。其实质是用来选育新品种的基因资源。种质资源是培育新品种的物质基础，也是了解作物及其品种演变的材料，对研究作物分类、品种生态型及遗传规律有重要意义。目前，对种质资源进行分类的方式主要有 4 种：根据植物分类学分类、根据生态学类型分类、根据来源分类和根据基因系统进行分类。其中，按照种质资源的来源进行分类是最常见的，可分为本地种质资源、外地种质资源、野生种质资源和人工创造的种质资源。

本地种质资源指农作物育种工作中最基本的原始材料。其特点是对当地的自然条件和栽培条件有较好的适应性，对当地不良的自然条件甚至病害有较强的抵抗力，是杂交育种中最常用的亲本材料之一。

外地种植资源指从国内不同地区或国外引进的品种或类型，具有多种多样的性状和特性，一般对本地区适应性较差，通常被用于与本地品种进行杂交，以产生较大的杂种优势而培育出新品种。

野生种质资源指在育种上具有较高利用价值的野生植物类型或近缘野生品种。野生种质资源往往具有本地种质资源不具备的种质，尤其是对不利于环境的抗异基因等，多用来改善作物的抗逆性，培育不育性。

人工创造的种质资源指通过选择、杂交、诱变等方法创造的各种变异类型。这种通过各种育种途径和技术方法获得的各种突变体、中间材料和新类型等，一般具有育种目标所需的优良性状，虽然其大多不能在生产中直接应用，但由于其具有多种优良变异，是培育新品种或进行有关理论研究的珍贵资源。

三、种业

种业是种子产业的简称，是以农作物种子为对象，为农业生产提供优质商品化种子，以现代农业科技成果和管理技术为手段，集种子科研、生产、加工、销售和管理于一体的产业整体。

种子从以食用为目的果实，到作物的繁殖器官，再到农业生产资料并进行交易的种子商品，进而成为农业产生中最重要的要素资源，经历了漫长的演变过程。

四、现代种业

现代种业是继近代种业之后的世界种业发展的另一阶段，其标志主要有3个：种子管理法制化、种子产业科技化、种子企业规模化。在这一时期，种子生产、加工、繁殖、质量检测、包衣、贮藏等种子标准化体系逐步建立和完善。转基因技术等现代农业生物技术大大拓宽了现代农作物种业的发展前景，种子技术创新的突破吸引了大量社会资金向种子产业转移。这一阶段是现代种业迅速成长和逐步成熟的时期。新技术革命的推动、行业管理高度法制化和产业机构高级化是其主要特征。

五、南繁种业

“南繁”即每年秋冬季节，将农作物品种带到海南省利用热带地区适宜的光温条件，从事农作物品种选育、种子生产加代和种质鉴定等活动的方法。南繁是我国首创的一种育种方式，对于保障我国粮食安全和种业发展发挥着特殊的作用。经过60多年的发展，南繁基地已成为全国最大、最开放、最具影响力的农业科技试验区，被誉为“中国种业科技硅谷”。

据不完全统计，自1959年以来，全国约有70%农作物新品种出自南繁基地，推广面积累计超过20万 hm^2，生产的水稻、玉米、高粱、油料、棉花、蔬菜及瓜果等农作物优良种子6亿kg。随着时代的发展，南繁的内容更加丰富，研究方向也发生改变，出现了水产南繁、畜禽南繁、中药南繁等新内容，从过去的主要选育高产量品种转变成现在的追求品质和种类多样性。

传统南繁的目的只是冬季进行作物加代繁殖，以缩短选育品种的周期，并且育成品种多返回原地推广应用，基本没有涉及在海南本省南繁地区本地化推广的活动。然而，随着我国农业科技的发展，现代南繁已被赋予了更多的内涵。2018 年 4 月，习近平总书记考察南繁工作时强调指出，国家南繁科研育种基地是国家宝贵的农业科研平台，一定要建成集科研、生产、销售、科技交流、成果转化为一体的服务全国的“南繁硅谷”。

六、现代农业

现代农业是一个动态的和历史的概念，它不是一个抽象的东西，而是一个具体的事物，它是农业发展史上的一个重要阶段。从发达国家的传统农业向现代农业转变的过程看，实现农业现代化的过程包括两方面的主要内容：一是农业生产的物质条件和技术的现代化，利用先进的科学技术和生产要素装备农业，实现农业生产机械化、电气化、信息化、生物化和化学化；二是农业组织管理的现代化，实现农业生产专业化、社会化、区域化和企业化。

通常现代农业指广泛应用现代科学技术、现代工业提供的生产资料和科学管理方法的社会化农业。在按农业生产力性质和状况划分的农业发展史上，是最新发展阶段的农业。最新发展阶段的农业主要指第二次世界大战后经济发达国家和地区的农业。其基本特征是技术经济性能优良的现代农业机器体系广泛应用，因而机器作业基本上替代了人畜力作业。

根据中国国情，发展现代农业就是要用现代的物质条件来武装农业，要用现代的科学技术水平来改造农业，要用现代的产业体系来提升农业，要以培养新型农民来发展农业，最终提高农业水利化、机械化、信息化水平，提高土地产出率，提高农民素质、农业效益和农业竞争力，使农业生产和农村面貌发生翻天覆地的变化。

第二节　种业发展的相关理论研究

一、自然资源禀赋理论

自然资源禀赋论是指由于不同区域的地理位置、气候条件、自然资源蕴藏等方面的不同所导致的各区域专门从事不同部门产品生产的格局，是区域经济发展中的重要生产要素。

自然资源，作为一笔自然界恩赐给人类社会的天然财富，一向被认为是经济增长与社会进步的重要保证。工业革命之所以在英国发生与英国采煤工业的发展是分不开的，以全世界为原材料来源而获得的廉价丰富自然资源也是推动早期的欧洲以及后来的美国、加拿大等西方国家走向世界经济发达体的重要原因之一。丰富的自然资源与财富增长总是紧密联系在一起的，幅员广袤的国土面积和富饶的自然资源禀赋也是改革开放以来我国经济保持长期高速增长的重要因素之一。“土地是财富之母，劳动是财富之父”，丰富的自然资源对经济发展的积极冲击机理被称为“资源福音”。然而，20 世纪中叶以来，越来越多的证据表明，丰富的自然资源并不会必然带来快速的经济增长，自然资源丰富的区域其经济增长绩效有时明显不如自然资源稀缺的区域，丰富的自然资源阻碍了经济增长，这一现象在经济学中被称为“资源诅咒”。

自然资源禀赋特征毫无疑问在整个社会经济发展历程中至关重要，尤其在工业革命的初期起到了决定性的作用。区际间自然资源禀赋差异不仅是传统国际贸易理论的基石，还是冯·杜能的农业土地利用理论的基石。早期经济学家的观点是把土地看作经济增长的一个制约因素。例如，威廉姆斯认为土地和劳动是共同构成财富的两个要素；坎蒂隆强调土地是一切财富的本源或实质；大卫·李嘉图将经济增长最终的约束归结为自然资源的约束，并在《政治经济学及赋税原理》中提出资源相对稀缺理论，认为在工业生产中，由于分工的发展和技术进步而存在报酬递增，但是所有土地资源都被利用了以后，资本积累率下降从而劳动需求下降，农业中的报酬递增趋势会压制工业中的报酬递增趋势，于是经济增长速度就会放慢，直至进入人口和资本增长停滞和社会静止状态。

二、产业竞争力理论

产业竞争力，亦称产业国际竞争力，指某国或某一地区的某个特定产业相对于他国或地区同一产业在生产效率、满足市场需求、持续获利等方面所体现的竞争能力。20 世纪 90 年代，著名产业竞争力研究专家迈克尔·皮特教授对许多国家的产业国际竞争力进行研究后，以产业结构“五力竞争”模型为基础，逐步形成了适应经济全球化环境的产业国际竞争力分析框架和方法，即所谓的“波特钻石理论模型”（图 2-1）。该理论认为，决定一个国家某种产业竞争力的要素为生产要素、需求条件、相关及支持产业以及企业战略、企业结构及同业竞争。他认为，这 4 个要素具有双向作用，形成钻石体系。在 4 个要素之外还存在 2 个辅助要素，即政府与机会。机会是无法控制的，政府政策的影响是不可漠视的。竞争优势理论的提出为农业竞争力研究拓展了一条新的研究思路。

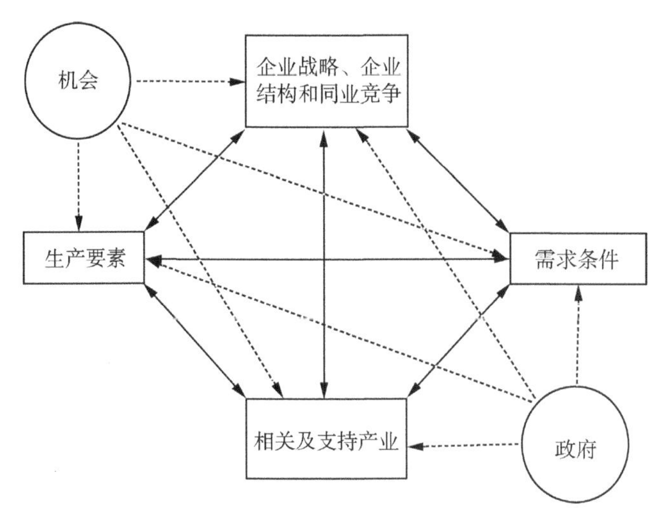

图 2–1 波特钻石理论模型

1. 生产要素

生产要素是指进行社会生产经营活动时所需要的各种社会资源，是维系国民经济运行及市场主体生产经营过程中所必须具备的基本因素，它包括劳动力、土地、资本、技术、信息等内容，这些内容会随时代的变化不断变化。波特把生产要素分为人力资源、天然资源、知识资源、资本资源、基础设施等。其中，天然资源、气候、地理位置、非技术工人、资金等为初级生产要素，也是基础要素条件或传统农业生产要素；现代通信、交通等基础设施，受过高等教育的人力、研究机构等为高级生产要素或现代农业生产要素，高级要素条件对竞争优势的形成起重要作用。

初级要素的重要性是不容忽视的，所以农业这个向自然索取产品的产业可以因为国内丰富的要素供应而保证农业生产的低成本效应。但是，这种低成本优势是不稳定的，一方面这种优势由于自然资源的不断损耗和资源稀缺会引起要素价格的提高而受到致命的冲击，另一方面这种资源依托型竞争力并非以生产力提高为前提，所以其他资源可能并不丰富的国家却在农业技术上取得了重大突破后或者采取了更先进的农业生产方式后，就会使本国的自然资源优势相对大大减低。虽然依靠技术等高级要素或专用型要素是需要长期持续投资的，但正因如此，这种优势一旦建立，就是一种高层次的、有着相对极高稳定性的优势，使得竞争对手难以模仿和赶超，而且通过降低技术研发成本、提高服务质量和服务水平等，这种竞争优势更能得到大幅提高。反而是依靠自然资源优势的国家如果对丰富的资源和廉价的成本优势过度自信，造成了资源使用的浪费，降低了资源配置效率，最终优势反而可能演变成阻力。因此，一个区域要保持自己独特的、相对稳定的农业竞争力，不仅要重视充分发挥本国的自然资源优势，还要更加注重发展产业高级要素和专用型要素，最终使资源利用效率的提高和先进生产技术的研发相得益彰，形成自己的核心竞争力。

农业生产对土地、水、气候等自然资源条件的依赖性极强，而自然资源具有整体性、有限性、多用性和区域性等属性，这就使不同区域的农业生产具有不平衡性。在一定技术水平下，自然资源要素条件被认为是不可改变的，而随着现代科学技术的迅速发展，现代生产要素在农业竞争力中的作用越来越突出，现代农业生产要素主要包括农业技术、人力资本、信息技术、现代农业机械设备等。综合世界农业竞争力较强的国家，无一不是实现了自然资源优势与现代农业生产要素的密切结合。

2. 需求条件

评价农业区域竞争力的第二个因素是区域内的需求状况。波特认为，国内市场的需求会刺激企业的改进和创新，是产业发展的动力。国内需求对企业和产品竞争优势的作用表现在 3 个方面：第一，需求的细分结构，即多样化的需求分布；第二，成熟的买主有助于提高产品质量和服务的质量标准，努力降低成本，提升竞争力；第三，前瞻性的买方需求有助于国内企业开发新产品和新市场，而且有利于培养国内成熟的消费者。

在农产品市场竞争日趋激烈的今天，农业生产者必须根据不同地区消费者的不同偏好做市场细分，并通过农业科学技术的不断研发，对产品进行特殊设计来满足不同消费者的需求；在注重提高农产品质量标准的同时还要针对不同需求的消费者提供不同的服务。

3. 相关支持产业

相关支持产业是指为主导产业提供投入的国内产业，其发达和完善程度关系着主导产业的产品成本、品质和信息交流，从而影响主导产业的竞争优势。相关支持产业往往能带来新的资源、技术以及竞争手段，从而可以带动企业产品的创新和升级。在很多产业中，各产业的潜在优势是因为它的相关产业具有竞争优势。

农业相关产业包括为农业提供支持的上游产业（如种子供应、农药、农膜、饲料、农业机械等）和下游产业（如农产品储存、加工、销售等）。优质的上游产业可以为农业提供各种产前、产中所需的商品和服务，为提高农业生产率和增产增收提供有效的保障。有竞争力的下游产业则可以拉长农业产业链，对农业竞争力起到进一步提升的作用。

4. 企业战略、企业结构、同业竞争

确定企业竞争力的第四个因素是企业战略、企业结构和同业竞争状况。由于产业中不同企业其在不同事情上选择的目标、战略与组织管理形式各不相同，其竞争力也就不同。激烈的同业竞争有利于增加企业生产压力，迫使其改进技术，实施创新，那么在竞争中取得优势的企业就具有较强的发展能力，这些都有利于企业获得竞争优势。农业经营主体主要是指农业家庭经营者和企业。农业经营主体竞争力主要取决于农业经营主体的素质和规模。农业经营主体的素质主要体现在文化水平、开发和运用农业新技术能力、经营能力等方面。农业经营规模可从人均耕地、人均粮食产量、农业人均生产力以及单位农产品的生产成本等方面度量，经营规模的大小直接影响农业生产要素的运用和农产品在市场上的竞争力。

5. 机会与政府角色

机会和政府是波特钻石理论模型的两个辅助因素，但是也会对农业产业竞争优势的形成产生重要的影响。

机会是一个重要的因素，作为竞争条件之一的机会，它一般与产业所处的国家环境无关，也并非企业内部的能力能左右，甚至不是政府所能够影响的。机会主要包括重要发明、重大的技术突破、生产要素供求状况重大变动导致投入成本的突然变化、世界金融市场和汇率的突然变动等，抓住机遇的企业其产品往往能很快取得竞争优势，从而占据市场，同时也可能使一些企业丧失优势。

政府职能是指政府制定的各种经济政策与市场法规，通过影响体系中的4个主要因素，即通过影响农业生产要素状况、相关及支持产业发展状况、农业经营主体状况等关键因素来实现，从而改变企业竞争优势。

三、农户生产行为理论

行为主义心理学家认为，行为是心理的体现，是个体需求的外在表现。著名经济学家西蒙提出了行为经济学理论，从“需要—动机—行为”发生过程解释人们的经济行为，同时认为经济行为的选择也受制于决策环境及选择机会的信息成本和未来的不确定性。

农户是组织农业生产和发展的一种重要形式。目前，对农户经济行为的研究主要有3个学派：一是以恰亚诺夫为代表的组织生产学派；二是以西奥多·舒尔茨为代表的理性小农学派；三是以黄宗智为代表的历史学派。

以恰亚诺夫为代表的组织生产学派认为，农户家庭经营不同于资本主义企业经营，农户家庭经营依靠的是自身劳动力，其生产活动的目的是满足家庭自给的基本消费需求，而不是为追求市场上的利润最大化而商品化。根据该学派的观点，农户分化的原因是家庭周期性的劳动者与消费者比例的变化，而不是商品化，农户经济的改造应着眼于自发地组成小型合作社。

以西奥多·舒尔茨为代表的理性小农学派主张用分析资本主义经济没有本质上的差别，其生产经营的目的同样是利润最大化，且在生产分配上是具有效率的，传统农业经济增长的停滞主要源于农业生产中各传统要素边际投入收入的增减，而不是来自农户进取心缺乏或者努力不够。据此，该学派认为，改造传统农业，推动农业发展的正确途径是推广先进技术，提供可被农户合理利用的现代生产要素。

以黄宗智为代表的历史学派提出了“商品小农”的概念，认为农户经济生产行为既受家庭劳动结构的限制，又受市场经济的冲击以及农民所处的劣势社会阶层地位的影响。农户在家庭劳动力边际报酬十分低下甚至为负的情况下继续投入劳动的原因可能在于农户家庭剩余劳动力。

农户既是种子的生产者，其种子生产行为对种子数量和质量有直接影响；同时，又是种子产品的消费者，其种子消费行为直接决定种子销量及种子企业利润。因此，基于农户生产消费行为特征，对于促进种业发展具有重要现实意义。

第三节　种业发展对现代农业的影响

一、优化农产品品质

农作物品种的好坏是决定农作物生产水平最关键的因素，因而种业是农业生产中的最核心的产业，是决定农业生产基本水平的“内因”，是中国粮食安全的最重要保障因素。党中央、国务院一直高度重视种子事业和种子产业的发展，党的十七届三中全会《中共中央关于推进农村改革发展若干重大问题的决定》中多次提到种子工作，并提到了优化品种结构、加强良种繁育体系、良种培育等。作为一种特殊的农业生产资料，种子具有用途上的不可替代性、使用上的区域性和季节性、需求上的恒定性、质量缺陷的高风险性、纠纷的复杂性，种子管理工作一直列为农业投入品管理的重中之重。

我国是农业大国，农作物种业是国家战略性、基础性的核心产业。自1949年以来，优良品种的育成和推广，使小麦增产10倍以上，产量提高到目前的6 000kg/hm^2；超级稻的培育使我国水稻产量达12 900kg/hm^2，比1949年增加了近6倍；紧凑型玉米开创了单季作物产量过吨的新纪元。新中国成立以来，良种在农产品增产中的作用已达到40%左右。随着工业化、城镇化的加速推进，耕地等基本资源对农业发展的约束将越来越强，种子品种更新的效应将更为显著。国家未来的农产品增产计划和目标，将主要依靠种子革命来实现。

二、提高农业科技贡献率

种子是科技兴农的载体，一切现代农业技术、农艺措施都直接或间接地通过种子在农业生产中发挥作用。20世纪90年代以来，在以生物技术、信息技术为核心的农业新技术革命浪潮的猛烈冲击下，发达国家种子产业已完成从传统种业向现代科技种业的转型，种业正式成为典型知识技术密集型科技产业。据联合国粮食及农业组织（FAO）统计，近十年来，良种对全球农业单产的贡献率已超过25%。杂交种玉米的推广使美国玉米单产提高，总产量达到世界玉米总产量的50%，良种对美国农业单产的贡献率已达到60%。20世纪60年代，墨西哥国际小麦玉米改良中心的矮秆小麦，使墨西哥小麦产量在30年内提高了394%，菲律宾国际水稻研究所的矮秆水稻品种的育成和推广，对解决发展中国家粮食不足问题起到了重要作用，并使印度等许多国家从粮食进口转为基本自给。据国际农业生物技术应用服务组织（ISAAA）统计，2018年全球共有26个国家和地区种植转基因作物，种植面积达到1.917亿hm^2，较2017年的1.898亿hm^{2}增加190万hm^2，约是1996年的113倍。生物技术将成为未来种业竞争的焦点。

现代农业是广泛应用先进科学技术和现代工业提供的生产资料以及现代科学管理方法的专业化、社会化的农业生产形态。进入20世纪以来，特别是第二次世界大战以后时期的农业，其主要特征是现代科学技术的应用。种子科研、生产、加工、贮藏、销售及技术服务等活动，是现代农业应用高新技术的集中体现。种子产业的健康、持续发展使农业生产实践经验及技术得以延续，并实现了从传统农业向现代农业的过渡。种业的健康、可持续发展是提高农业生产科技含量和促进农业现代化进程的有效保障。

三、带动农业产业化经营

一粒种子兴起一个产业。现代农业发展的根本出路在于产业化经营，目前中国种业已成为农业领域市场化程度最高的产业之一，已形成的山西屯玉、湖南亚华、湖北荆楚、甘肃敦煌、山东登海等种业龙头企业，有效带动了当地及相应区域范围农业的产业化发展。例如，作为农业产业化国家重点龙头企业，甘肃敦煌种业年产各类农作物种子 1 亿 kg，收购加工皮棉 50 万担。种子和棉花总加工能力分别为 6.5 万 t、7 万 t，有力推动了当地农业产业化发展进程。山西屯玉种业公司通过采取与制种户签订制种合同，与制种农户结成了利益共享、风险共担的利益共同体，发展制种基地 10 667hm^2，带动 4 万多农户从事玉米制种，仅制种一项每年可为制种户增收 5 000多万元，所产种子可供社会 120 万 hm^2 土地种植。另外，还经营蔬菜制种，以及豆类、油葵、玉米胚加工等，蔬菜制种基地 334hm^2，带动长治市 13 个县区 80 个乡镇 6 万多户农民种植大豆、油葵 16 000hm^2，有效推进当地农业产业化发展。

四、提升农业产业结构

近年来，在我国农业结构战略性调整中，良种发挥了重要的先导作用。2002 年，国家启动大豆振兴计划，高油大豆良种科技投入和良种补贴使东北大豆生产徘徊不前的局面得以扭转。2003 年，通过实施优质专用小麦良种项目，全国优质专用小麦面积达 1.26 亿亩*，占小麦播种面积的 38%。专用玉米品种推广 1.12 亿亩，占玉米播种总面积的 28%。双低油菜面积 8 000多万亩，占油菜播种面积的 70%。抗虫棉占棉花播种面积的 60%以上，高品质棉花达 200 多万亩。2018 年，基本实现良种全覆盖。优质品种的推广，对改善我国农产品品种，推进农业结构战略性调整，提高农民收入，增强农产品市场竞争力等方面发挥了积极作用。

五、助推相关产业发展

种子产业内部及其他产业之间的关联日益密切。首先，种子产业内部相关环节之间的关联更加密切。世界发达国家的种子行业已发展成为集科研、

---

* 1 亩≈667m^2，15 亩=1hm^2，全书同。

生产、加工、销售和技术服务于一体的产业体系。国际大型跨国公司也大多采取以一种或几种作物为主，兼营其他作物的经营模式，以保持其必要的相关技术开发能力和市场竞争力。其次，种子产业与生物、化工、农药、医药、食品、烟草、贸易等产业间的密切关联度不断提高。法国的利马格兰种业集团由最初的种子专业性公司发展成为集种子经营、生物技术研究、食品加工以及保健服务等相关业务于一体的大型跨国公司。种子公司与化工、农药等相关企业之间通过兼并重组、收购、控股、参股等方式，加快了资本、科技、人才等现代生产要素在种子产业和其他产业之间的流动，不但可以控制种子产业，还可以影响整个农业生产。

一粒种子，可以改变整个世界；一个品种，可以改变一个民族。我国是农业大国，自古以来就确立了以农养政、以农养兵以及以农养国的政策。而种子是农业的根本，每次种子革命都会带来农业社会经济的繁荣。宋朝初期，占城稻被引入中国，改变了唐朝末期小麦产量难以养活人民而造成社会动乱的局面，并确立了江南地区的经济中心地位。优秀稻种的引入，激发了整个宋朝经济社会的发展，中国古代的四大发明，有三项产生在宋代，使当时的中国成为真正的超级大国。哥伦布发现新大陆不仅改变了欧洲，也给中国带来了极大的影响。玉米、花生、甘薯、烟草、向日葵、辣椒以及烟草等一些美洲农作物新品种的传入，给当时的中国注入了新的发展活力。种子革命是生物进化的源头，人类历史上一场场的种子革命使食物产量激增，拓展了人类的生存空间，促使人口在自然生育状态下快速繁衍。截至 2020 年世界人口已突破 75. 85 亿，中国人口也由新中国成立初期的 4 亿多增加到目前的 14 亿。种业的创新发展对促进人类繁衍和社会经济繁荣功不可没。

第三章
中国农作物种业发展历程与现状分析

第一节 中国农作物种业发展历程分析

中国是历史悠久的农业大国，早在7 000多年前祖辈们就从事着农业生产，很早就认识到种子的重要性。《诗经》中《大雅·生民》篇就提到“诞降嘉种，维秬维秠，维穈维芑”；《吕氏春秋》吸收了先秦农家的思想，该书《士容论》中《上农》《任地》《辩土》《审时》四篇均是农家之言，《上农》篇重视农业生产，其理由是：“古先圣之所以导其民也，先务于农。民农，非徒为地利也，贵其志也”“民农则朴，朴则易用，易用则境安，主位尊”。《氾胜之书》是西汉晚期的一部重要农学著作，一般认为是我国最早的一部农书。该书是对西汉黄河流域农业生产经验和操作技术的总结，主要内容包括耕作的基本原则、播种日期的选择、种子处理、个别作物的栽培、收获、留种和贮藏技术、区种法等。就现存文字来看，对个别作物的栽培技术的记载较为详细。这些作物有禾、黍、麦、稻、稗、大豆、小豆、枲、麻、瓜、瓠、芋、桑共13种。区种法即区田法，在该书中占有重要地位。此外，书中提到的溲种法、耕田法、种麦法、种瓜法、种瓠法、穗选法、调节稻田水温法、桑苗截干法等，都不同程度地体现了种业科学。旧中国在半封建半殖民地的状态下，科学技术落后，种子产业未得到良好的发展。新中国成立至今，种子产业经历了一个从无到有、从小到大的发展历程，经历了“四自一辅”“三位一体”“四化一供”“种子产业化”等发展阶段，产业化程度不断提高，深刻地影响着中国农业的发展。

一、非商品化阶段

非商品化阶段是1949—1957年，也叫“农户留种”时期。

中国种子产业始于新中国成立之初，各级农业部门设有种子机构，实行行政、技术两位一体的方式进行管理。1950 年农业部召开华北农业技术会议，制定了《粮食作物良种普及计划实施方案》，这是中国种子产业发展历程中的一个标志性历史事件，提出了五年良种普及计划，有计划地开展种子工作，规定良种普及以就地评选初选种、就地推广为原则，实行群众选种与农场育种结合，连续选种育种与繁殖推广相结合，以达到良种不断普及和提高，并且在农村普遍实行“家家种田，户户留种”。1952 年全国良种种植面积比 1949 年以前扩大 11 倍，达到 813.3 万 hm^2，占全国播种面积的一半以上。1957 年良种种植面积比 1952 年又扩大 10 倍。这一阶段，中国仅将良种普及作为一种重要的农业生产技术措施，在品种上主要依靠筛选较为优良的农家现有品种为主，种子商品率为 0，农业生产部门用种以粮换种的方式进行，但种子生产的目的不是交换，因而不具备商品的特征。

二、部分商品化阶段

部分商品化阶段是 1958—1977 年，也叫“四自一辅”时期。

1958 年召开全国种子工作会议，根据当时农业生产形势，会上提出了种子工作方针，即“主要依靠农业社自繁、自选、自留、自用，辅之以必要调剂”。当时，农业生产结构以人民公社的集体经济为主，全民所有制的农场仅占到极少数，而集体生产，全国需种量在 15 亿 kg 以上。这样大的用种量只能依靠群众实行“四自”，农民选种留种并解决生产用种，以避免在农业合作化高潮和农业高产竞赛运动中出现的大调大运造成种子混杂与农业减产现象。

此阶段主要特征是以种、粮生产分开，种子商品率日益提高，尽管交换方式仍然是以物交易物，但是作为调剂辅助供应的种子逐渐体现出使用价值，体现出商品的特征，这一时期是中国种业的萌芽期。

三、垄断经营阶段

垄断经营阶段是 1978—1999 年，也叫“四化一供”时期。

1978 年 5 月国务院批转了农林部《关于加强种子工作的报告》，提出选育和推广良种，是农业增产的重要措施，是一项根本性的基本建设。要求抓紧把种子公司和种子基地建立起来，把国有良种场分期分批整顿好，迅速健全良种繁育推广体系。继续实行行政、技术、经营三位一体，并以“四化一供”为种子工作方针，即“品种布局区域化、种子生产专业化、加工机械化、质量标准化，以县为单位组织统一供种”。“四化一供”的工作方针极大地推动了我国种子事业的发展，种子生产的技术水平得以提高，为粮棉油等项增产做出了贡献。

1989 年国务院颁布《中华人民共和国种子管理条例》，把新品种选育、试验、示范、审定、推广及种子生产、经营、质量检验等方面的管理制度以法规的形式规定下来，并放开了蔬菜和园艺种子市场，私人企业与外国种子公司开始进入蔬菜与园艺种子市场；1997 年 3 月国务院 213 号令发布了《中华人民共和国植物新品种保护条例》，1999 年加入国际植物新品种保护联盟（UPOV），建立起种子知识产权的保护法律体系，从而奠定了种子管理法制化基础。

这一阶段种子市场日益完善，交换手段的货币形式占主导地位，种子商品发达程度有了根本性地提高，种子加工手段和加工能力大幅度提高，种子管理法制化，种子科研全面展开，非主要农作物种子的计划管制取消，实行市场调节，农作物种子仍然实行计划供应，由国有种子公司垄断经营。

四、种子市场化阶段

种子市场化阶段是从 2000 年至今。

2000 年 12 月 1 日，国家颁布施行了《种子法》。2001 年 2 月 26 日，颁布实施了《农作物种子生产经营许可证管理办法》《农作物种子标签管理办法》《农作物商业种子加工包装规定》《主要农作物品种审定办法》《主要农作物范围规定》五个配套的行政法规，2004 年中华人民共和国主席令第 26 号公布并施行《种子法》修正本。《种子法》实施后，我国农作物种子产业发生了重大变化，种子市场主体呈现多元化，农作物品种更新速度加快，有力地推动了农业发展和农民增收。2006 年国务院办公厅印发了《关于推进种子管理体制改革加强市场监管的意见》，要求推进种子管理体制改革，完善种子管理体系，强化种子市场监管。总体要求是坚持以政企分开为突破口，坚持以产权改革为切入点，坚持“精简、统一、效能”和“标本兼治”的方针，坚持以质量监管为重点。农业行政主管部门及其工作人员不得参与和从事种子生产、经营活动；而种子生产经营机构不得参与和从事种子行政管理工作。依照有关规定，将剥离出来的种子生产经营机构移交同级国有资产监督管理机构管理。截至 2008 年年底，全国国有种子公司都进行了改革，实现政企分开，规范种子市场秩序，保障农业生产安全，促进粮食生产稳定发展和农民持续增收。

随着我国种子市场对外开放程度和范围的不断扩大，一些国外大公司开始通过合资的方式进行企业兼并、整合，进军我国大田作物种子市场。资料显示，截至本书出版前，外商投资的独资与合资企业中，持有效经营许可证的共有 25 家。

跨国种子企业进入中国种子市场，促进了中国种子企业体制改革和种子企业市场化进程，提高了中国育种水平和种子质量。但是，跨国公司的涌入也给中国种子企业带来了严峻的挑战。面对经济全球化的浪潮，中国种子企业要走中国特色之路，培育和扶持民族品牌，使其发展壮大，直面跨国公司的挑战。

第二节　中国农作物种业发展现状

一、中国农作物种业发展取得的成效

改革开放以来，中国农作物种业市场化程度逐步提高，种业整体水平快速提高，为了保障农业稳定生产，农产品有效供给和农民持续增产做出了重要贡献。

1. 建立了较为完整的种业政策支持体系

2011 年 9 月，国家税务总局出台优惠政策，对“育繁推一体化”种子企业免征所得税；2013 年农业部为“育繁推一体化”种子企业开通玉米、水稻品种审定绿色通道，支持企业育种创新；财政部牵头设立现代种业发展基金 25 亿元，目前已完成 15 亿元投资支持 18 家种子企业创新发展；从 2014 年开始，中央财政对农业部认定的 52 个水稻、玉米制种大县进行奖励，3 年累计奖励 15 亿元，调动地方政府支持制种、加强基地管理的积极性；自 2017 年 4 月 1 日起，植物新品种权申请停征申请费、审查费、年费，旨在鼓励创新、减轻企业负担；2018 年 8 月，农业农村部、财政部、银保监会联合下发通知，将水稻、玉米、小麦三大粮食作物制种纳入中央财政农业保险费补贴目录；中央财政连续多年每年补助 5 000万元、储备 5 000万 kg 种子用于救灾和备荒。

2. 项目、资金投入大幅增加

2012 年国家发展和改革委员会生物育种与产业化专项投资 4. 9 亿元支持 40 多家“育繁推一体化”企业提升商业化育种能力，“十二五”国家种子工

程安排投资 2.2 亿元支持 33 家企业建设育种创新基地，农业综合开发安排投资 8.7 亿元支持 233 家企业良繁基地建设，在中央国有资本经营预算内安排 2.75 亿元支持 6 家企业转型升级。支持中种集团等企业认定为国家企业技术中心，将登海种业等 15 家企业纳入国家和部级重点实验室。同时，2011—2017 年 7 年间社会资本投资种业事件达 113 起，投资总额约 123.45 亿元，为助推现代农作物种业发展注入了新动能。

3. 种子法律法规和管理体系逐步完善

2010 年，农业部种子管理局就参加了全国人民代表大会农业与农村委员会组织的《种子法》修订调研，就当时种业存在的问题等主要内容进行了沟通，基本取得一致认识。2015 年 11 月全国人大通过了关于修改《种子法》的决定。新修订的《种子法》将种业科研分工、新品种权保护、品种审定绿色通道、加强生产基地建设与保护、财政信贷保险支持种业、保障种业安全、发挥种子协会作用等重大措施均转换为法律规定，特别就种业发展“扶持措施”增加了 1 章，增强了约束力，为现代农作物种业发展提供了法治保障。

4. 品种创新水平显著提高，自主知识产权品种满足了种植业发展需要

2011 年以来，科研单位和部分种子企业加大品种创新力度，特别是隆平高科、登海种业、敦煌种业等“育繁推一体化”种子企业，积极性高、投入力度大，选育了一大批优良品种。据统计，2011—2018 年国家和省（区）两级共审定通过水稻、小麦、玉米、棉花、大豆 5 种作物 14 024个品种，并涌现出一大批如 Y 两优 1 号、济麦 22、京科 968、隆平 206、登海 605 等突破性品种，满足了农业生产用种需求。植物新品种保护迅速发展，截至 2018 年 11 月底，新品种保护申请总量 25 549件、总授权量 11 670件，位居国际植物新品种保护联盟成员第二。目前，我国水稻、小麦、大豆、棉花用种 100%是自育品种，玉米是 90%、蔬菜是 87%。优良品种的选育推广，保障了国家粮食安全和主要农产品供给，实现了习近平总书记提出的“要下决心把民族种业搞上去，抓紧培育具有自主知识产权的优良品种，从源头上保证国家粮食安全”目标。

5. 种子企业不断发展壮大，培育了民族种业的“航空母舰”

截至 2018 年年底，全国持有种子生产经营许可证的企业 5 300多家，比 2011 年减少 39%；资产过亿元的企业 341 家，比 2012 年增加 186 家；企业新品种权申请量、品种审定数量自 2015 年起均超过科研教学单位，逐步成为创新的主体；前 50 强企业市场集中度达到 35%，比 2011 年提高 5 个百分点；截至2017年年底，上市种子企业72家，市值超过1 000亿元。隆平高科通过国内外兼并重组进一步发展壮大，2017年跃居全球种业前十强、2018年排名第八，实现了从“小舢板”到“航空母舰”的历史性跨越。

二、中国农作物种业发生的变化

改革开放后，特别是近10年来，随着《种子法》和《国务院办公厅关于推进种子管理体制改革　加强市场监管的意见》等政策的全面贯彻落实，中国种业紧跟世界种业产品高新化、行业集团化、管理法制化的发展潮流，发生了深刻变化，主要变现在以下几个方面。

1. 种子技术实现了高新化

在国际竞争力的推动下，中国种子技术的高新化发展迅猛，利用分子技术、转基因技术、航天技术培育的高新品种不断涌现。航天蔬菜、航天芝麻、转基因番茄、转基因玉米、转基因棉花以及利用分子技术培育的远缘杂交水稻品种先后应用于生产。

2. 科研成果实现了产权化

《中华人民共和国植物新品种保护条例》的实施，使科研成果实现了产权化。科研单位选育的新品种可以申请新品种保护，已申请保护期即获得新品种权的品种，品种权人具有排他的独占权。未经品种人同意，任何单位和个人不得生产经营。截至2018年11月，全国申请新品种保护的农作物新品种25 549件、总授权量11 670件。

3. 种子生产实现了区域化

随着作物杂交优势利用技术的日趋成熟，地理、气候等环境和制种技术成为制约杂交水稻、杂交玉米种子生产的决定因素。为保证种子质量，降低生产成本，提高市场竞争力，种子生产正日益向环境条件优越、农民制种技术水平较高的区域集中。目前，杂交水稻制种主要集中在四川、湖南、江苏等省，杂交玉米制种主要集中在甘肃、新疆、内蒙古、辽宁等省（区）。

4. 种子经营实现了市场化

《种子法》实施后，种子生产经营实行资质准入制度，一县一公司统一供种的格局被彻底打破。《国务院办公厅关于推进种子管理体制改革　加强市场监管的意见》的落实，又使原计划经济条件下建立起来的种子企业和各级农业行政主管部门彻底脱钩。种子行业进入了大生产、大市场、大流通的新时代，种子企业真正成为自主生产、自主经营、自负盈亏的市场主体。同时，随着国内多种所有制种子企业的不断涌现和美国孟山都、先正达等国际跨国公司的进入并实现中国化，中国种子市场已逐步与国际种子市场接轨。

5. 种子管理实现了法制化

《种子法》《中华人民共和国植物新品种保护条例》等种子法律法规，对种质资源的保护、开发与管理，新品种的选育、审定与保护，种子的生产、包装与经营，种子质量的检验与认证，种子的进出口及对外合作以及种子的行政管理等，进行了系统的规范，使种子管理由行政化发展为法制化，行政命令式指挥被依法管理所取代。

三、中国农作物种业的行业特征

种子属于农业生产资料，其生产和销售具有很强的季节性，当年销售的种子需要提前一年安排生产，由于产销不同期，即整个经营活动存在很大的盲目性。从种业一长串的产业链来看，新品种选育周期长，一般需要6~8年，投入大、风险大；生产的前置期长且最终的收种产量往往由自然条件所决定；种子的仓储要求高、市场需求及竞争状态的不确定性和售后高风险性等决定种业经营难度大、风险较高的行业。

目前在国内，种子的生产者和使用者都是农民。一般种子企业都是通过自己的科研机构培育繁殖和提纯复壮出足够数量的亲本再以签约收购的方式委托农户大批量地生产制种，在制种过程中企业会指导农户做好扬花传粉、田间除杂等制种的关键环节，在制种收购入库时会进行精选并检验种子的水分、净度和发芽率等指标，而在种子从收购入库至分装销售的储存期间则要用药加以熏蒸。

与其他行业不同的是种子需求的价格弹性非常低，甚至接近于零，即种子价格的变化对单位面积播种量几乎没有影响，农民并不会因为价格低就多买种。而供应的价格弹性却较高，种子是必需的农业生产资料，具有不可替代性且无法即时生产。一般种子的生产成本是同期粮食价格的2.5~3.0倍，只要粮价有波动，就会刺激种子生产者的生产欲望或降低他们的生产积极性。

种子的质量指标较为复杂，有些指标如净度、发芽率、水分等可及时检测，而有些指标如纯度等却无法及时检测，只有播种后在实际生长过程中才能发现和检验。另外，种子的实际田间表现除了与种子本身的质量相关外，还与自然气候、田间管理、生态适应性等许多方面有关。当销售季节结束，多余的种子需要转到第二年销售时，必须将种子晾晒至一定的水分含量以下进入低温库冷藏。一般随着时间的推移，种子的发芽率越来越低，当发芽率低于国家规定的80%时，该种子也就无法销售，只能转为商品粮销售。

目前市场上销售的品种分为大路品种和专有品种。由于专有品种的利润、价格的稳定性和对网络客户的吸引力是大路品种所无法比拟的，近几年各种业公司和科研机构纷纷加大新品种开发力度，农民可选择表现良好的品种越来越多。面对生长性能和表现极其复杂而又品种繁多的种子，缺乏文化知识的农民茫然了。专业化产品，非专业购买是种子行业的典型特征，农民在购买种子时，种子零售店的店主是影响购买决策的关键人，即终端的推荐是决定农户选择什么品种的主要因素。

四、世界农作物种业对中国种业发展的影响

中国进入世界贸易组织（WTO）以后，跨国公司主要通过投资、贸易和合作研究3种方式进入我国种业市场，世界种业前十强先后在中国建立了办事机构，聘用管理人员开展试验并采集信息。现阶段，跨国种业集团主要通过技术创新及知识产权的双重先发战略，固化其技术优势，进而强化其产业优势。

1. 对中国新品培育的影响

育种技术发达的国家由于种业发展历程较长，科技实力雄厚。种业公司在发展传统育种技术的同时，在转基因育种、分子标记辅助育种等领域也取得突破性进展。中国与发达国家植物新品种保护水平的差异，一定程度上反映了科研育种水平的差距。在没有知识产权约束之前，国家之间大量新品种和育种基因资源交换主要发生在各国农业研究部门与国际农业研究磋商小组之间。在这种交换方式中，发展中国家提供了更多的植物基因资源。而发达国家却利用这些资源研究出大量的新品种，并在新时期只是产权保护体系下，获得相应保护和排他独占权，利益分配结构极不对称。在植物新品种知识产权保护的国际化趋势下，中国科研育种很难以低成本从国外获取种质资源，特别是以生物技术为基础的品种，优良基因掌握在少数种业巨头手中。中国育种者应充分利用中国丰富的种质资源，进一步发挥传统技术育种优势，加快生物技术育种的积累，提高科研育种能力，不断培育出优良新品种，将丰富的生物资源优势转化为科技优势和产业优势。

2. 对中国种子企业经营的影响

跨国种业集团纷纷进入中国种子市场，都希望在中国种业市场竞争中占一席之地，种子市场竞争进一步加剧。中国种子企业经营存在多方面劣势，如在价格、质量、品质安全性等方面处于不利地位，大多数种子企业缺乏自

有品种经营能力。中国 5 000多家种子企业拥有自有品种的仅仅 100 多家，而世界种业十强掌握着大部分受保护的新品种权。在世界范围内，高度集中的新品种权对新进入种业的企业设置了更高的技术壁垒，抬高了种业发展的门槛。世界种业巨头利用技术上的优势，实施知识产权的垄断，固化产业竞争优势。

第三节　中国农作物种业发展趋势分析

中国种业发展已成为国家战略，未来种业在农业中基础性地位将更加巩固、产业增值空间增大。采用先进育种技术开发高产、优质的良种必将成为未来作物产量增加和农业增长的主要源泉。随着种子商品率和科技含量的提高，种业市场总值将逐年增加，2006 年我国种子市场规模为 500 亿元，2018 年达到 1 300亿元左右，市场规模跃居全球第二。预计 2020 年种子市场规模超 1 400亿元。本节分析未来种业发展趋势。

一、种业高质量发展不可逆转

目前，我国水稻、小麦、玉米、大豆、棉花、油菜等作物的用种需求稳定。糖料甘蔗等经济作物种子种苗市场增长空间较大。大宗作物品种换代升级空间很大，高附加值作物种子市场潜力巨大，经济、特色作物种子种苗市场空间广阔。当前，大田作物增产仍主要靠品种，稳定、增产、高产品种仍是发展重点。种业发展方向是节肥节水节药，高产优质多抗，全程、全面机械化。

二、企业多元化发展大势所趋

随着政策上行因素的影响、市场观念的转变、行业管理水平的不断提高和资本进入种业势头的上升，中国将逐步扭转种业兼并重组冷淡的现状，掌握了核心技术的大公司将会迅速发展壮大，大量小企业逐步被淘汰或被兼并，种业多而小的局面将得到扭转，市场集中度不断提高。未来，种子企业将以育繁推一体化、全产业链和跨界融合为代表的集团化，以联结小农户、大市场和科研院所的平台化，以专业育种、生产、加工、经营和测试检测的专业化，以产品特色、区域特色、作物特色为特征的特色化等方向发展。以“种业+”种植业、畜牧业、农化服务和金融为内容的“种业+”时代即将到来。

三、种业深度融合势不可当

当前，作物育种领域论文数量排名中，中国超过美国、日本、印度、德国等国排在首位。中国学者发表论文数占到了作物育种领域全部论文数的20%。但是，“论文强国”并没有造就“种业强国”。其原因就在于科企深度融合还远远不够。未来政策导向将支持科企深度融合，农业科研体制将逐步发生调整，产学研合作不断深入，科研单位相关人才、技术和资源将开始向企业流转，企业真正成为种业应用研究的主体，而农业科研单位将逐步以基础研究为主。支持品种权保护和品种选育“共审定”。同时，以生物组学、合成生物学等为代表的前沿学科揭示了性状形成机理，理论突破正在形成，以基因编辑、全基因组选择等为代表的技术加快进步，使育种定向改良更加便捷，育种效率几何级增长，育种由随机往定向、可设计转变，品种“按需定制”正成为现实，种业发展也将迎来“跨界融合”阶段。

本章小结

中国种业发展历史悠久，现代种业发展经历了非商品化阶段、部分商品化阶段、垄断经营阶段、市场化经营阶段 4 个阶段。近年来，中国种业取得了显著成效，品种选育水平逐步提升、良种供应能力逐步提高、种子企业实力逐步增强、种子法律法规和管理体系逐步完善。

中国种业发生了深刻变化，种子技术实现了高新化、科研成果实现了产权化、种子生产实现了区域化、种子经营实现了市场化；同时，随着国外种业巨头的进军及市场需求的变化，世界种业对中国种业新品种培育及企业经营产生深远的影响。中国种业发展由过去传统育种技术转向与生物技术为代表的高新技术结合，种子的生产由过去粗放型转向集约化生产，种子经营由分散、小规模区域计划经营转向专业化、集团化和参与国际化市场竞争，由科研、生产、经营脱节逐步转向育繁推、产加销一体化。未来，中国种业种业高质量发展、种子企业多元化发展、科企深度融合是大势所趋。

第四章
中国种业国际竞争力分析

第一节　国际农作物种业贸易现状

自2000年《种子法》的颁布和2001年中国加入世界贸易组织（WTO）以来，中国种业的发展进入一个崭新的阶段，到目前为止中国种业经历了从小到大、从弱到强的过程，种业取得了巨大的成就，有效保障了中国的粮食安全。但是在国际化市场中，仍不能满足现代化的农业需求。随着中国进一步地对外开放，许多种业跨国公司进入中国，跨国公司的进入就像一把双刃剑，在带来大量资本的同时也对中国种业市场产生了强大的冲击力，对中国种业的发展造成潜在的威胁。

一、全球农作物种业市场规模分析

相关数据显示，2018年全球主要国家商品种子市场规模约为39.43亿美元，与2017年基本持平，10年间全球商品种子市场规模复合年均增长率为6%，5年间复合年均增长率为2%。根据国际种子联盟（ISF）和联合国粮食及农业组织报告数据显示，全球种子市场类别中转基因种子已占50%以上（图4-1）；全球种子市场份额见图4-2，中国种子市场在全球总市场中的份

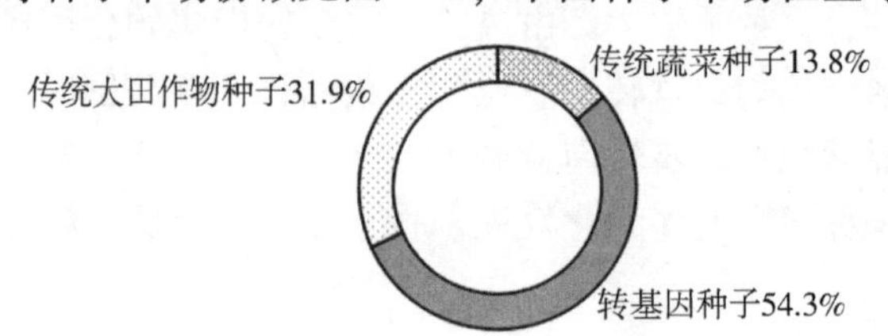

图4-1　全球种子市场品种结构

额占比达到23%，仅次于美国，是全球第二大种子市场。由此可见，中国种子市场需求较大，具有一定的发展空间。

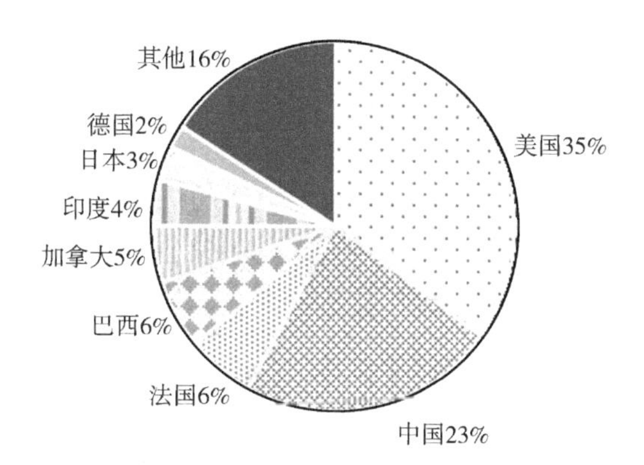

图 4-2　全球种子市场份额分布情况

二、中国农作物种业贸易额及国际比较分析

据国际种子联盟相关数据显示，对其近 5 年的数据进行测算分析。结果显示，全球种子出口额主要集中在 30 个国家中，占全球总出口额的 93.8%（表 4-1）。5 年平均出口额最高的为荷兰，占全球出口额的 15.43%，而中国出口额仅为 1.98%，排在第十三位，远远低于荷兰、法国和美国等种业强国，中国出口额仅为荷兰的 12.86%。2006—2012 年中国种业的国际出口额为 2%左右，说明中国种业自 2006 年以来，在出口贸易方面变化不大。

表 4-1　2013—2017 年全球主要种子贸易国种子出口额

国别	出口额（百万美元）						平均占比（%）
	2013 年	2014 年	2015 年	2016 年	2017 年	合计	
荷兰	1 808	1 525	1 829	2 040	1 683	8 885	15.43
法国	1 860	1 623	1 708	1 801	1 891	8 883	15.42
美国	1 632	1 596	1 672	1 712	1 563	8 175	14.19
德国	778	679	739	783	793	3 772	6.55
匈牙利	435	418	446	480	413	2 192	3.81
智利	464	279	274	285	491	1 793	3.11
意大利	336	322	352	367	335	1 712	2.97
丹麦	376	286	291	312	325	1 590	2.76
加拿大	303	287	286	282	307	1 465	2.54

（续表）

国别	出口额（百万美元）						平均占比（%）
	2013 年	2014 年	2015 年	2016 年	2017 年	合计	
罗马尼亚	332	231	277	296	302	1 438	2.50
阿根廷	301	262	257	256	300	1 376	2.39
西班牙	226	196	250	263	239	1 174	2.04
中国	262	244	197	205	235	1 143	1.98
比利时	245	178	198	225	255	1 101	1.91
奥地利	234	165	203	268	170	1 040	1.81
墨西哥	182	162	165	169	183	861	1.49
日本	157	168	178	173	149	825	1.43
巴西	159	164	168	165	158	814	1.41
英国	197	160	117	75	197	746	1.30
泰国	130	154	127	116	134	661	1.15
新西兰	115	115	119	136	122	607	1.05
澳大利亚	116	105	106	111	115	553	0.96
南非	93	103	110	120	89	515	0.89
波兰	67	109	106	109	77	468	0.81
斯洛伐克	68	102	102	73	113	458	0.80
捷克	87	74	103	103	86	453	0.79
土耳其	82	69	81	89	61	382	0.66
印度	76	73	83	101	41	374	0.65
韩国	51	59	67	70	52	299	0.52
秘鲁	50	44	45	51	53	243	0.42
合计	11 222	9 952	10 656	11 236	10 932	53 998	93.79

三、中国农作物种子贸易结构分析

从近 5 年来看，中国种子进出口量和进出口额占比相对较低，其中进口总量和总额占比分别为 2.2%和 2.87%，出口总量和总额占比分别为 0.99%和 1.98%。5 年的中国种子贸易年均逆差为 84.2 百万美元，其中大田作物种子、蔬菜种子、花卉种子年均逆差分别为 56.2 百万美元、22.8 百万美元、5.2 百万美元。不同年份的贸易总逆差逐年增加，从 2013 年的 34 百万美元增加到 2017 年的 161 百万美元（图 4-3、表 4-2）。从图 4-3 可见，中国大田作物种子贸易差变化相对平稳，2013—2017 年，差值基本保持在-57 百万美元左右；蔬菜种子由 2014 年小幅顺差 21 万美元，到 2017 年的逆差 84 万美元，未来逆差有逐渐增加的趋势。从贸易差额总体来看，中国种业贸易年均以 28.53%的速度增加。

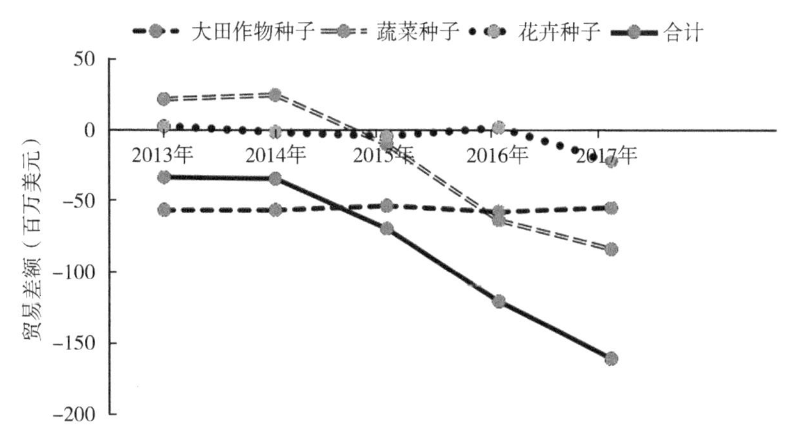

图 4-3　中国三大类种子贸易差走向情况

表 4-2　2013—2017 年中国主要种子进出口量及进出口额

年份	作物种类	进口量（t）	进口额（百万美元）	出口量（t）	出口额（百万美元）	逆差（百万美元）
2013	大田作物	32 350	132	32 277	75	-57
	蔬菜	7 800	125	6 119	146	21
	花卉	20	12	702	14	2
2014	大田作物	47 000	134	35 500	77	-57
	蔬菜	10 044	152	4 251	176	24
	花卉	38	11	453	9	-2
2015	大田作物	43 000	124	22 700	70	-54
	蔬菜	9 300	172	5 360	161	-11
	花卉	71	18	432	13	-5
2016	大田作物	90 100	127	22 700	69	-58
	蔬菜	9 665	177	5 360	113	-64
	花卉	20	14	432	15	1
2017	大田作物	90 020	125	22 700	70	-55
	蔬菜	9 572	205	5 360	121	-84
	花卉	64	36	432	14	-22
合计		439 164	1 564	171 793	1 143	
占比（%）		2.2	2.87	0.99	1.98	

第二节　中国农作物种业竞争优劣势分析

一、中国农作物种业的 SWOT 分析

SWOT（Strength 优势，Weakness 劣势，Opportunity 机会，Threat 威胁）分析法是一种能对分析研究对象做出较客观而准确的分析方法。利用该方法对我国种业进行分析，从中找出对自己有利和不利的因素，明确以后的发展方向。从整体上看，SWOT 可以分为两部分：第一部分为 SW，主要用来分析内部条件；第二部分为 OT，主要用来分析外部条件（表 4-3）。

表 4-3　中国种业的 SWOT 分析

优势	劣势
（1）种业基础设施基本具备，种子生产加工能力初具规模； （2）市场容量大，能享受国家各项优惠政策； （3）种子资源丰富； （4）劳动力生产成本低，传统育种能力强	（1）政企不分、法规制度缺乏、创新品种保护不力； （2）企业规模小，研发投资少； （3）对外依存度低，国际竞争力较弱； （4）农户规模太小，素质不高，且劳动产出率低
机会	**威胁**
（1）引进优质资源，学习先进管理经验和科学技术； （2）面对国际和国内两个市场，更容易进入	（1）WTO 规则对我国种业的冲击； （2）国外种子企业的竞争； （3）国外高科技田育种方法

二、中国农作物种业国际竞争力分析

选择 TC 指数来表示中国种业国际竞争力的情况。TC 指数=（出口-进口）/（出口+进口）。指数越接近于 1 竞争力越大，等于 1 时表示该产业只出口不进口；指数越接近于-1 竞争力越弱，等于-1 时表示该产业只进口不出口；等于 0 时表示该产业竞争力处于中间水平。根据数据测算出中国农作物种业 TC 指数全部小于 0，说明中国农作物种业国际竞争力相对较弱，而且竞争力逐年减弱（表 4-4）。

表 4-4 中国农作物种业进出口额及 TC 指数

年份	进口额（百万美元）	出口额（百万美元）	TC 指数
2013	269	235	-0.07
2014	297	262	-0.06
2015	314	244	-0.13
2016	318	197	-0.23
2017	366	205	-0.28

三、中国农作物种业贸易国别分析

据中国海关数据显示，进口方面，中国种用进口大田作物主要包括粮食作物、饲草作物和油料及糖料作物，主要进口国为美国、法国、丹麦等国；蔬菜类种子主要进口国为日本、泰国、意大利等；草本花卉类种子主要进口国为朝鲜、美国、南非等；其他一些种植用种子、果实及孢子主要进口国为美国、加拿大、丹麦等。出口方面，出口种用大田作物中最多的为籼米稻谷，主要出口国为巴基斯坦、菲律宾、越南、印度尼西亚和孟加拉国；蔬菜类种子主要出口国为西班牙、韩国、美国、荷兰、日本；花卉类种子主要出口国为韩国、荷兰、美国、日本、德国；其他一些种植用种子、果实及孢子主要出口国为韩国、日本、美国等。

以 2016 年数据来看，其中粮食作物进口的主要有种用玉米，进口国主要为德国（65%）、法国（30.9%）、阿根廷（4.6%）、智利（0.7%）、奥地利（0.2%），饲料作物进口最多的为黑麦草种子，主要来自美国（74.5%）、丹麦（14.8%）、加拿大（9.2%）、新西兰（0.7%）、阿根廷（0.37%），其次是羊茅子，主要来自美国（94.34%）、丹麦（3.04%）、加拿大（2.62%），其他如苜蓿种子、菜地早熟禾种子等大部分进口国为美国和加拿大，油料、糖料作物进口的主要有种用葵花籽，进口国为美国（73.7%）、印度（8.5%）、土耳其（7.9%）、法国（5.5%）、日本（2%），糖甜菜籽主要进口国为德国（44.7%）、比利时（27.2%）、法国（12.2%）、丹麦（11.1%）、意大利（4.3%）；蔬菜类种子主要进口国为日本（27.9%）、泰国（14.5%）、意大利（8.8%）、智利（7.8%）、丹麦（7.5%）；草本花卉类种子主要进口国为朝鲜（48.2%）、美国（21.2%）、南非（15.3%）、日本（8.2%）、荷兰（2.9%）；其他一些种植用种子、果实及孢子的进口国为美国（41.2%）、加拿大（40.4%）、丹麦（7.2%）、阿根廷（3.9%）。在出口方面，出口种用大田作物中最多的为籼米稻谷，主要出口国为巴基斯坦（36.7%）、菲律宾（28.3%）、越南（25%）、印度尼西亚（7.6%）和孟加拉国（2%）；蔬菜类种子主要出口于西班牙（38.3%）、韩国（18.3%）、美国（6.5%）、荷兰（5.3%）、日本（4.6%）；花卉类种子主要出口于韩国（37.5%）、荷兰（19.8%）、美国（13.9%）、日本（7.3%）、德国（4.95%）；其他一些种植用种子、果实及孢子主要出口于韩国（48.6%）、日本（46.8%）、美国（1.44%）、朝鲜（1.38%）、巴基斯坦（0.31%）。

第三节　中国农作物种业知识产权现状分析

一、相关概念

1. 知识产权

从法律上来讲，知识产权是和财产所有权、债权、人身权相并列的一类民事权利。它包括著作权和工业产权两大类。著作权又称版权，是指自然人、法人或者其他组织对文学、艺术和科学作品依法享有的财产权利和精神权利的总称；工业产权则是指工业、商业、农业、林业和其他产业中具有实用经济意义的一种无形财产权。中共十九届中央全面深化改革领导小组第一次会议审核通过的《关于加强知识产权审判领域改革创新若干问题的意见》指出：“知识产权保护是激励创新的基本手段，是创新原动力的基本保障，是国际竞争力的核心要素。”

2. 植物新品种权

植物新品种权与专利权、著作权和商标专用权一样同属于知识产权范畴。植物新品种是指经过人工培育的或者对发现的野生植物加以开发，具有新颖性、特异性、一致性、稳定性等特点，并有适当命名的植物新品种。国家审批机关按照法律、法规，授予完成育种的单位和个人的植物品种，享有排他的独占权，即拥有了植物新品种权。有了这些权利，育种者可以选择成为该品种的独家营销商，或者将品种许可给他人。

二、中国植物新品种权申请授权总量变化趋势

截至 2017 年年底，根据农业部植物新品种保护办公室的统计数据显示，

中国植物新品种分为大田作物、蔬菜、花卉、果树、牧草及其他6大类，共受理植物新品种权申请21 461项，已授权9 617项（表4-5）。自2004年开始，中国植物品种权的年申请量一直保持在国际植物新品种保护联盟成员国第四位，有效品种权量居前十名。

表4-5　中国植物新品种权申请授权量　　（单位：项）

年份	品种权申请量					品种权授权量				
	大田作物	蔬菜	花卉	其他类别	申请总量	大田作物	蔬菜	花卉	其他类别	授权总量
2002	260	24	4	13	301	112	5	0	1	118
2003	532	22	5	8	567	241	8	2	10	261
2004	672	21	17	25	735	67	4	3	1	75
2005	833	45	49	23	950	171	14	5	5	195
2006	802	32	22	27	883	192	2	3	4	201
2007	734	23	39	20	816	476	21	10	11	518
2008	662	62	109	35	868	424	11	5	9	449
2009	759	53	143	37	992	871	28	34	8	941
2010	975	91	90	50	1 206	616	30	14	6	666
2011	998	97	130	30	1 255	226	7	1	6	240
2012	1 093	95	105	68	1 361	130	8	22	7	167
2013	1 079	74	117	63	1 333	118	13	7	0	138
2014	1 442	141	107	82	1 772	606	48	134	39	827
2015	1 675	172	120	102	2 069	1 080	127	147	59	1 413
2016	1 977	243	183	119	2 522	1 560	139	144	94	1 937
2017	2 756	601	300	185	3 842	1 177	80	121	93	1 471
合计	17 238	1 796	1 540	887	21 461	8 067	545	652	353	9 617

1. 中国植物新品种权申请情况

从图4-4可以看出，中国植物新品种权申请量总体呈现出逐渐增长的趋势，从2002年的301项增加到2017年的3 842项，年均增长率为18.50%，说明中国农业科技创新活动不断增强，从事种业活动的科研人员表现出育种积极性不断提高和研究机构对品种权保护意识不断强化的良好发展态势。

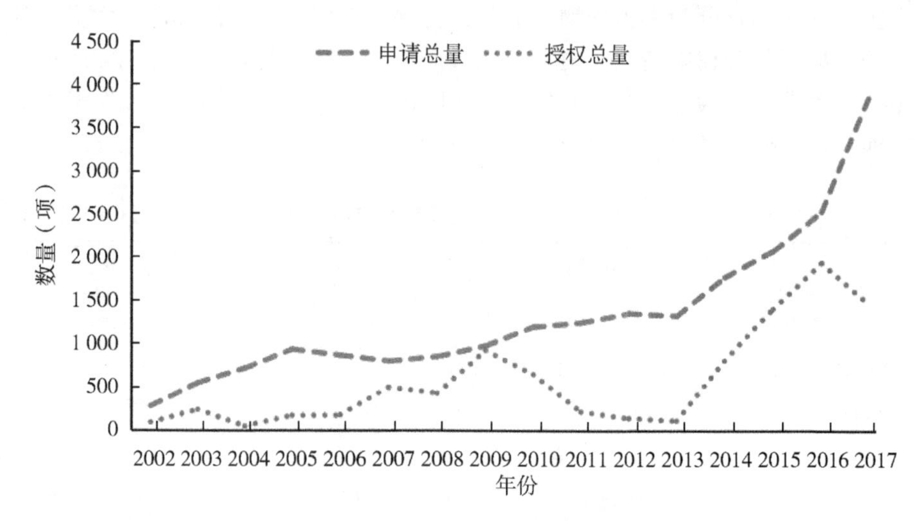

图 4-4　品种权申请总量和授权总量

中国植物新品种权申请情况大体上可分为 3 个阶段：起步阶段（2002—2005 年），此阶段中国申请量快速增长，年均增长率 46.7%，表明农业科技创新活动积极性高。自 1999 年《中华人民共和国植物新品种保护条例实施细则》发布实施以来，农业部已开始受理国内外植物新品种权申请，并对符合条件的品种申请授予了植物新品种权；发展阶段（2006—2009 年），此阶段申请量平稳增加，年均增长率为 4.0%，在经历了起步阶段品种权的快速增长期，这个阶段育种主体的主要工作是把申请的品种进行转化（授权），从而减缓了品种权的申请速度；增长阶段（2010—2017 年），此阶段申请数量又开始快速的增加，年均增长率为 18.0%，2012 年 2 月发布的中央一号文件提出了要实施科教兴农战略，同年 12 月国务院发布了《全国现代农作物种业发展规划（2012—2020）》提出 4 个保障措施推动农业科技发展有关，这些政策促进了品种权的科技创新。从中国植物新品种保护的 3 个阶段可以看出中国政府所出台的政策对植物新品种研发以及农业科技创新具有很好激励作用。特别是从 2017 年 4 月 1 日起，停征了植物新品种权申请、审查年费，这是鼓励育种单位农业技术创新的又一个重大政策措施。

2. 中国植物新品种权授权情况

相对于中国植物新品种权申请量逐步递增的变化趋势，品种权授权量则表现出较大的起伏（图 4-4），2002—2009 年呈上升的趋势，年均增长率为 34.53%，但值得注意的是 2009 年达到一个峰值后连续四年大幅下降，从

2009年的941项减少为2013年的138项，年均降幅达到38.12%。品种权授权需要一定的时期，品种权从申请到授权大致需要2~3年的DUS测试时间周期，由于2005—2009年申请量呈减少趋势，因此导致了2009年之后品种权授权数量的降低。但从2013年之后授权量又呈现逐年上升的趋势，且增长幅度较大。2013年《主要农作物品种审定办法》的修订，要求农作物品种审定所需工作经费和品种试验经费，列入同级农业行政主管部门财政专项经费预算，不再向申请者收取费用，提高了育种单位授权的积极性。特别是2016年出台相关政策规定了企业可自行开展和联合体组织开展试验的品种，将不再参加国家级和省级试验组织实施单位组织的品种试验，这一措施进一步简化了企业授权工作流程，提高了授权效率。

总结而言，品种权的授权量出现大幅波动的趋势，一方面可能是因为品种权申请和授权之间存在一定的时间差，加上授权时间的不确定性因素，出现了不同年份授权量波动较大的情况；另一方面是因为近年来我国对植物新品种授权工作出台了一系列法律法规，制定了对育种单位的优惠政策，激发了育种者对品种权授权的积极性。

三、中国植物新品种权分品种类别申请授权情况分析

2019年2月，农业农村部发布了第十一批《中华人民共和国农业植物品种保护名录》（简称《名录》），并定于2019年4月1日起开始实行。这次发布的名录共涉及53个植物属（种），已经连续2批公布的名录超过45个植物属（种）。目前，中国农业植物种类已达191个植物属（种）得到了保护，说明中国植物新品种权保护的范围正在扩大，受保护的品种权种类更加多元化。

自1997年《中华人民共和国植物新品种保护条例》颁布实施以来，中国植物新品种保护取得了令世人瞩目的成就，已成为植物新品种保护大国。但有大部分收录在《名录》中的植物品种未得到申请授权，或者是申请授权量少，品种结构存在很大的差异性。因此，对植物新品种权申请品种类别情况研究分析，有助于促进中国植物新品种权结构合理化发展。

1. 不同类别植物新品种申请情况

从表4-6中得知，2002—2017年大田作物、蔬菜、花卉和其他类别的植物品种申请量整体呈逐年增加的趋势，但各品种申请量增长幅度不同，大田作物品种权申请量年均增长率17.05%，蔬菜品种权申请量年均增长率23.95%，花卉品种权申请量年均增长率33.35%，其他类别品种权申请量年均增长率19.37%。

表 4-6 大田作物、蔬菜、花卉和其他类别的植物品种申请量 （单位:%）

年份	申请比重				授权比重			
	大田作物	蔬菜	花卉	其他类别	大田作物	蔬菜	花卉	其他类别
2002	86. 38	7. 97	1. 33	4. 32	94. 92	4. 24	0. 00	0. 85
2003	93. 83	3. 88	0. 88	1. 41	92. 34	3. 07	0. 77	3. 83
2004	91. 43	2. 86	2. 31	3. 40	89. 33	5. 33	4. 00	1. 33
2005	87. 68	4. 74	5. 16	2. 42	87. 69	7. 18	2. 56	2. 56
2006	90. 83	3. 62	2. 49	3. 06	95. 52	1. 00	1. 49	1. 99
2007	89. 95	2. 82	4. 78	2. 45	91. 89	4. 05	1. 93	2. 12
2008	76. 27	7. 14	12. 56	4. 03	94. 43	2. 45	1. 11	2. 00
2009	76. 51	5. 34	14. 42	3. 73	92. 56	2. 98	3. 61	0. 85
2010	80. 85	7. 55	7. 46	4. 15	92. 49	4. 50	2. 10	0. 90
2011	79. 52	7. 73	10. 36	2. 39	94. 17	2. 92	0. 42	2. 50
2012	80. 31	6. 98	7. 71	5. 00	77. 84	4. 79	13. 17	4. 19
2013	80. 95	5. 55	8. 78	4. 73	85. 51	9. 42	5. 07	0. 00
2014	81. 38	7. 96	6. 04	4. 63	73. 28	5. 80	16. 20	4. 72
2015	80. 96	8. 31	5. 80	4. 93	76. 43	8. 99	10. 40	4. 18
2016	78. 39	9. 64	7. 26	4. 72	80. 54	7. 18	7. 43	4. 85
2017	71. 73	15. 64	7. 81	4. 82	80. 01	5. 44	8. 23	6. 32
合计	80. 32	8. 37	7. 18	4. 13	83. 88	5. 67	6. 78	3. 67

根据表 4-6 计算出了各类品种申请量占中国植物新品种权总申请量的比例（图 4-5）。在 2017 年，大田作物品种申请量占比 71. 73%，蔬菜申请量占比 15. 64%，花卉申请量占比 7. 81%，其他类别申请量占比 4. 82%。整体来看，2002 年以来大田作物申请量占申请总量的比重均在 70%以上，其中在 2002—2007 年对大田作物品种申请比重在 90%左右，但从 2008 年开始大田作物所占比重有下降的趋势，而蔬菜、花卉和其他类别的品种申请量所占比重呈上升趋势。说明在中国植物新品种权发展初期经济发展落后，农业科技水平低，人们对粮食作物需求量大，因此植物新品种权也主要集中在大田作物的开发和保护。但是随着经济的发展，人们生活水平的提高，开始对生活质量和环境有了较高要求。人们对大田作物的需求量减少，对蔬菜、花卉等经济作物的消费有所增加，进而促进了蔬菜、花卉品种的研发，提高了这两

类作物的品种权申请量占比。从中国对各类别品种申请量年均增长率也可以看出，对蔬菜和花卉品种的申请量增速大于对大田作物品种申请的增速，表明中国植物新品种权由大田作物为主向多品种权发展。

图 4-5　各类植物新品种权申请量所占比例

2. 不同类别植物新品种授权情况

2002—2017 年，大田作物品种申请量由 112 项增至 1 177项，年均增长率 16. 98%；蔬菜品种申请量由 5 项增至 80 项，年均增长率 20. 3%；花卉品种申请量由 2 项增至 121 项，年均增长率 34. 05%；其他类别品种申请量由 1 项增至 93 项，年均增长率 35. 28%。

由图 4-6 看出，相对于植物新品种权申请量来讲，植物新品种的授权量受审批制度、政策、技术等因素的影响，具有滞后性，波动性较大。其中 2002—2011 年，对大田作物品种授权量占比在 90%以上，从 2012 年开始所占比重有所下降，年平均占比约为 79%。同时，2011 年之后蔬菜、花卉和其他类别等作物授权量所占比重呈上升趋势。

结合上文分析的各类别品种权申请量情况，进一步反映出我国品种权呈多元化发展的趋势。特别是在 2011 年之后，中国对大田作物品种申请量和授权量所占比重均呈下降趋势，与此同时，蔬菜、花卉、其他类别植物新品种权申请授权量所占比重开始呈上升趋势。说明中国农业科技创新活动正在向多元化发展，品种权结构趋于合理化状态，但我们也发现目前我国对大田作物品种的申请授权量所占比重还是较高，需要我国相关农业部门及育种主体发挥自身优势，制定相关措施，积极推进我国植物新品种结构合理化进程。

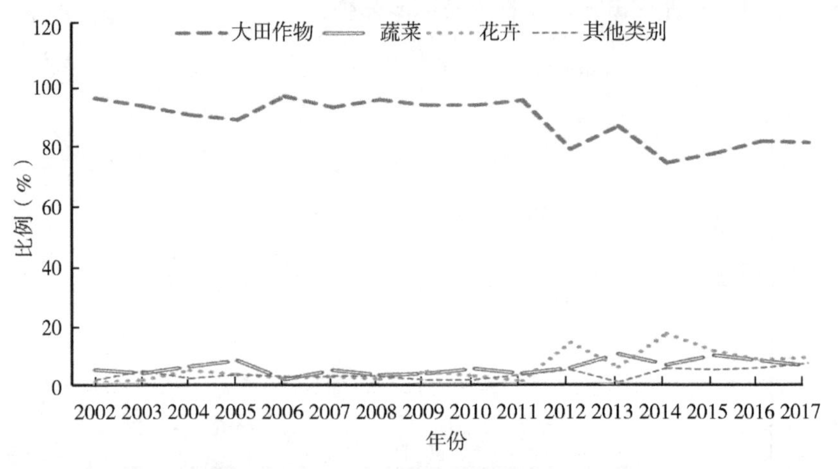

图 4-6　各类植物新品种的授权量所占比例

四、中国植物新品种权分地区申请授权情况分析

由表 4-7 看出，中国各地区植物新品种权的申请和授权状况存在很大差异，分析各地植物新品种权申请授权情况有助于更全面地了解我国植物新品种权申请授权情况。

表 4-7　中国各地区植物新品种权的申请和授权情况

地区	申请量排名	申请量（项）	授权量（项）	授权申请比	农业生产值排名
北京	1	2 239	843	0. 38	30
河南	2	1 628	677	0. 42	1
山东	3	1 453	711	0. 49	2
江苏	4	1 286	700	0. 54	4
黑龙江	5	1 266	634	0. 50	5
四川	6	1 108	749	0. 68	3
安徽	7	1 158	422	0. 36	12
吉林	8	952	524	0. 55	23
河北	9	847	424	0. 50	7
湖南	10	849	366	0. 43	9

（续表）

地区	申请量排名	申请量（项）	授权量（项）	授权申请比	农业生产值排名
辽宁	11	693	414	0.60	16
云南	12	736	451	0.61	15
浙江	13	576	256	0.44	18
广东	14	576	242	0.42	8
福建	15	468	230	0.49	17
湖北	16	416	222	0.53	6
上海	17	346	188	0.54	29
内蒙古	18	293	147	0.50	20
广西	19	314	167	0.53	10
陕西	20	261	103	0.39	13
天津	21	204	80	0.39	27
山西	22	204	101	0.50	24
贵州	23	203	135	0.67	14
新疆	24	194	111	0.57	11
重庆	25	172	95	0.55	21
江西	26	187	105	0.56	19
甘肃	27	164	63	0.38	22
海南	28	71	42	0.59	25
宁夏	29	42	20	0.48	26
青海	30	13	7	0.54	28
合计		18 919	9 229	0.49	

1. 不同地区植物新品种权申请授权情况

截至2017年12月31日，中国30个省（区、市）的植物新品种权总申请量18 919项，授权量9 229项。其中，中国植物新品种权申请量居前十位的分别为北京、河南、山东、江苏、黑龙江、四川、安徽、吉林、河北、湖南，申请总量为12 786项，占全国总申请量的67.60%，授权总量6 050项，占全国总授权量65.56%。其中植物新品种权申请量居前三位的依次为：北京市，申请量2 239项，占全国申请总量的11.83%，授权量843项，占全国授权总量的9.13%；河南省，申请量1 628项，占全国申请总量的8.61%，授权量 677 项，占全国授权总量的 7.34%；山东省，申请量 1 453项，占全国申请总量的 7.68%，授权量 711 项，占全国授权总量的 7.70%。北京、河南、山东的申请量和授权量均占全国申请授权量的 1/4 以上，而海南、宁夏、青海地区植物新品种权申请授权量均低于 100 项，说明了各地对于植物新品种的开发力度及保护意识存在很大的差异，对于植物新品种权申请授权量较低的地区要加大对植物新品种的科研投入力度，相关政府部门应制定、落实农业科技进步政策，如财政补贴、融资支持、人才政策、税收优惠、知识产权保护等。

2. 不同地区植物新品种权授权申请比分析

品种权的申请量能反映出一个地区农业科技创新主体对于植物新品种的研发力度以及对品种权保护的重视情况，品种权授权量能反映出一个地区农业科技创新的转化成果，在一定程度上它也代表了该地区农业科技创新水平。一般而言，授权量占申请量的比重（授权申请比）越大，说明该地区研发的植物新品种质量越高；相反，比重越小说明该地区植物新品种转化成果效率低。

表 4-7 显示，中国各地区品种权授权申请比差异明显，其中最高的是四川，授权申请比达到了 0.68，最低的是安徽，授权申请比仅为 0.36。进一步研究可以发现，授权申请比在 0.3~0.4 的有陕西、天津、甘肃、北京、安徽 5 个省市，这 5 个省市既有经济发展水平较低的宁夏和甘肃 2 个西部省份，也有经济发展水平较高的北京、天津 2 个直辖市。作为我国科技资源较为集中、技术创新能力较强且经济发达的 2 个地区，其授权申请比偏低的原因可能是两地农业产值偏低，农业科技创新活动与农业生产实践没有紧密结合。授权申请比在 0.4~0.5 的有内蒙古、黑龙江、河北、山西、福建、山东、宁夏、浙江、湖南、广东、河南 11 个省区；授权申请比介于 0.5~0.6 的有辽宁、海南、新疆、江西、重庆、吉林、江苏、上海、青海、湖北、广西 11 个省区市；授权申请比超过 0.6 的有四川、贵州和云南 3 个省。可以看出，虽然贵州省申请量和授权量较少，分别只有 203 项和 135 项，分别居全国第 24 位和第 21 位，但该省注重品种质量，科技成果转化率高。相反，河南和湖北这样的农业大省授权申请比却较低，说明各地区对植物新品种权的保护成效和科技成果的转化率差别较大。

鉴于中国各地区植物新品种权授权申请比存在差异较大的情况，笔者认为地方政府应制定不同的政策、采取不同的措施来促进农业科技创新活动的开展。如对于授权申请比较低的地区，政策导向的目标更多的是提高新品种申请的质量；而对于授权申请比高但申请量较低的地区，政策导向的目标则是鼓励新品种申请，提高新品种申请数量。

五、不同类型育种单位植物新品种权申请授权情况分析

截至 2017 年年底，根据农业部植物新品种保护办公室按照不同类型育种单位的划分，将植物新品种申请主体分成了国内企业、国内科研机构、国内教学机构、国内个人、国外科研机构、国外企业、国外教学机构和国外个人 8 类申请主体。

1. 各主体植物新品种权申请授权情况分析

由表 4-8 可得知，2002—2017 年中国植物新品种权申请主体中，企业、科研机构和高等院校三大申请主体申请量 18 827项，占中国植物新品种权总申请量的 87.73%；授权量有 7 947 项，占中国植物新品种权授权总量的 82.63%。其中，申请量最多的是企业，有 9 217 项，占中国总申请量的 42.94%；授权量最多的是科研机构，有 3 868 项，占中国总授权量的 40.22%。由此可以看出，目前中国植物新品种权申请授权主体以企业、科研机构和高等院校为主。

表 4-8　历年来各主体植物新品种权申请量和授权量　　（单位：项）

年份	申请量				授权量			
	申请总量	企业	科研机构	高等院校	授权总量	企业	科研机构	高等院校
2002	275	69	173	33	36	6	18	12
2003	525	164	324	37	112	30	57	25
2004	683	258	350	75	50	17	31	2
2005	829	330	455	44	133	38	65	30
2006	793	329	393	71	110	36	50	24
2007	712	253	396	63	372	125	195	52
2008	723	222	434	67	397	166	179	48
2009	807	276	462	69	720	348	324	55
2010	1 038	426	508	104	625	220	350	22
2011	1 125	530	497	98	219	48	149	18
2012	1 207	579	538	90	140	44	78	0
2013	1 177	618	494	65	125	99	26	85
2014	1 638	932	598	108	695	245	365	85
2015	1 787	990	704	93	1 256	465	685	106

（续表）

年份	申请量				授权量			
	申请总量	企业	科研机构	高等院校	授权总量	企业	科研机构	高等院校
2016	2 300	1 173	928	199	1713	754	822	137
2017	3 208	2 068	899	241	1244	691	474	79
合计	18 827	9 217	8 153	1 457	7 947	3 332	3 868	747

（1）各主体植物新品种权申请情况。从三大申请主体申请量来分析，2002—2017 年我国受理的植物新品种申请量整体呈增长趋势，呈波动状（图 4-7）。其中，企业和科研机构的植物新品种申请量分别占全国申请量的 42.94%和 37.98%，一直处于领先地位。2002—2010 年，企业申请量低于科研机构，但从 2011 年开始，企业申请量直线上升，一度超过科研机构的申请量，成为国内第一大植物新品种权申请主体。说明在我国农业发展初期，受计划经济的影响，科研机构是农业发展的中坚力量。随着市场经济的发展，企业越来越重视在农业领域的市场，逐步成为中国育种的主体。

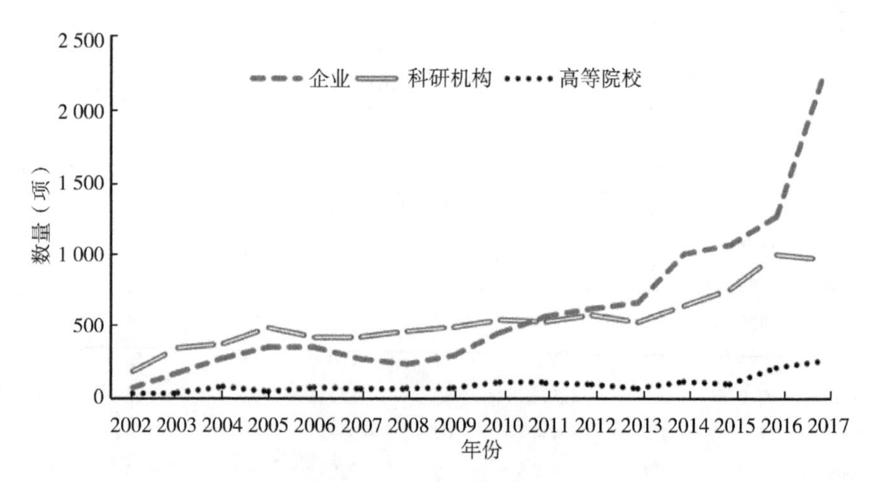

图 4-7　各主体申请量趋势

企业植物新品种权申请量增长幅度较大，年均增长率为 25.44%。在此期间，有 2 个阶段出现国内企业申请量的骤增，分别是 2002—2005 年国内企业申请量由 69 项持续增至 330 项，年均增长率 68.48%，还有 2016—2017 年，申请量由 1 173项增至 2017 年的 2 068项，增长率高达为 76.30%。

科研机构植物新品种申请量变动趋势波动增长，年均增长率为 11.61%。

其中，2002—2005 年申请量增速较快，年均增长率达 38.03%；2006—2013 年申请量增速减缓，年均增长率仅为 3.36%；2013—2016 年，申请量增速加快，年均增长率为 23.42%；但 216—2017 年科研机构申请量下降了 4.13%。

相对于国内企业和科研机构申请量的波动幅度，中国高等院校植物新品种申请量变动趋势较为平稳，年均增长率为 14.17%。虽然高等院校植物新品种权申请总量低，但年均增长幅度高于科研机构，说明高等院校从事农业科技创新活动的积极性要大于科研机构。

从上述分析可以看出，企业已经成为中国植物新品种权申请的主要力量，其次是科研机构在中国植物新品种申请中依然占据重要地位，高等院校虽然申请量有所增加，但与企业和科研机构相比，仅占企业申请量的 15.81%和科研机构申请量的 17.87%，说明各申请主体之间申请量的差距还是较为明显。

（2）各主体植物新品种权授权情况。从各主体授权量分析，企业与科研机构植物新品种授权量波动幅度较大，高等院校植物新品种授权量波动相对较小（图 4-8）。

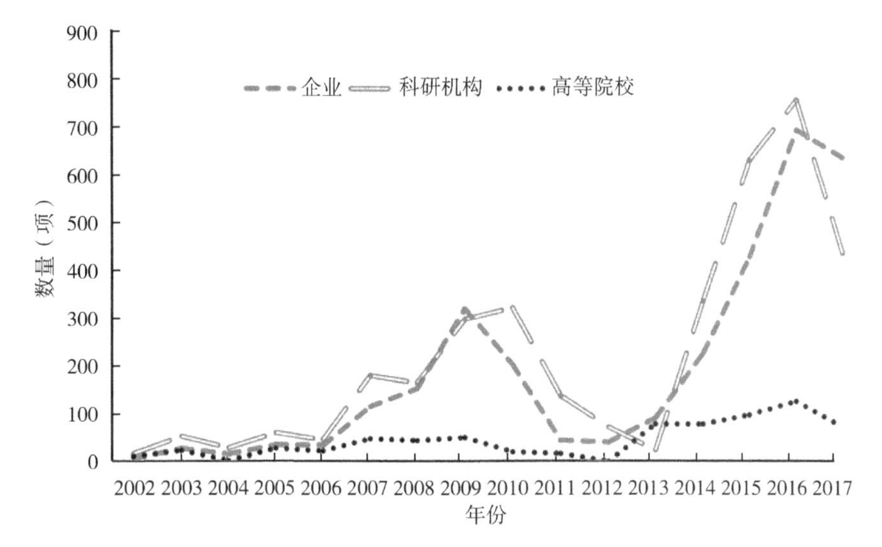

图 4-8　各主体授权量趋势

截至 2017 年年底，企业植物新品种授权量由 2002 年的 6 项增至 2017 年的 691 项，年均增长率 37.22%。其中，2002—2009 年授权量增长幅度较大，年均增长率高达 78.62%，并于 2009 年达到一个峰值；2009—2012 年授权量出现稳定的下降趋势，2012 年授权量仅占 2009 年的 12.5%；之后，2012—2016 年授权量出现骤增趋势，年均增长率达到了 103%，这一时期企业授权量的上升与上文提到的我国开始重视种子企业的发展为种子企业提供了良好政策等因素有关；但 2016—2017 授权量开始下降，下降幅度为 8.36%。

科研机构植物新品种授权量由 2002 年的 18 项增至 2017 年的 477 项，年均增长率为 24.37%。具体而言，2000—2010 年授权量增长率较快，年均增长率高达 44.91%；之后在 2010—2013 年授权量出现持续下降趋势，年均降幅 57.96%；从 2014 年授权量开始明显回升，2016 年上升到 822 项，是 2013 年的 31.62 倍；但 2017 年授权量下降到 474 项，下降了 42.33%。

就我国高等院校授权量而言，2002—2017 年植物新品种授权量，年均增长率为 13.38%。其中，2002—2010 年增长平缓，呈波动状，年均增长率 20.95%；2010—2013 年授权量出现持续下降趋势，甚至在 2013 年授权量低至 0 项；但从 2014 年开始出现较快增长，由 2014 年的 85 项增至 2016 年的 137 项，年均增长率高达 26.89%，并于 2016 年授权量达到研究期峰值。同企业和科研机构一样，2017 年也出现了授权量下降的趋势。

总体来说，企业和科研机构的授权量远高于高等院校，说明目前中国植物新品种权授权主体还是以企业和科研机构为主。值得注意的是，从 2013 年开始，企业、科研机构和高等院校授权量都开始出现快速增长，这与中国在 2013 年推行深化农业改革之后，国家重视对植物新品种权的授权工作密切相关，进而提高了植物新品种权的转化率和研发水平，形成了一批高价值专利，增加了科技与市场的融合度。2017 年三大主体授权量都出现了下降，这是由于在收集近几年数据时，授权量的公告有时间滞后性，以及植物新品种权保护办公室数据未及时更新导致的结果。

2. 各主体植物新品种权品种权竞争力水平分析

植物新品种权申请主体间植物新品种权竞争力指标，用于测定某一年度某一申请主体的农业技术竞争力（C_I）。根据文献计算公式如下。

$$C_I = \frac{C_r / R_Y}{R_{D-Y} / W_{D-Y}}$$

为了让计算的各主体农业竞争力更具有说服力，以下从申请量和授权量两个方面计算各主体农业竞争力。其中用申请量作为指标进行竞争力分析，Y 年内某个各主体植物新品种权申请量表示为 C_Y，其他申请主体在 Y 年内的植物新品种权申请量表示为 R_Y；其他申请主体 5 年内除第 Y 年以外的其余 4 年植物新品种权申请量表示为 R_{D-Y}，所有申请主体 5 年内除第 Y 年以外的其余 4 年植物新品种权申请量表示为 W_{D-Y}。用授权量作为指标计算出 2017 年各主体的植物新品种权竞争力情况，结果见表 4-9。

表 4-9　不同类型育种单位植物新品种权申请授权情况分析　（单位：项）

指标	单位	C_Y	R_Y	R_{D-Y}	W_{D-Y}	C_I
申请量	企业	2 068	1 774	3 983	7 696	2. 25
	科研机构	899	2 943	4 972	7 696	0. 47
	高等院校	241	3 601	7 231	7 696	0. 07
授权量	企业	691	780	2 752	4 315	1. 39
	科研机构	474	997	2 417	4 315	0. 85
	高等院校	79	1 392	3 987	4 315	0. 06

由表 4-9 分析可知，无论是以申请量还是授权量作为评价指标，中国企业品种权竞争力远高于科研机构和高等院校，其中以申请量作为指标的企业品种权竞争力水平最高，达到 2. 25。近几年种子企业快速发展，竞争力水平不断提升，企业在品种权申请授权的作用越来越大，符合中国正在建立以企业作为主体的商业化育种机制的情况。

第四节　影响中国种业国际竞争力的主要因素分析

从国际贸易现状来看，中国种业国际竞争力不足，占有国际市场份额较低，贸易一直处于逆差，主要因素分析如下。

一、行业集中度较低，低端同质化现象严重，竞争力不强

截至 2018 年 3 月，中国种子企业 3 421 家，比 2010 年 8 000家缩小近 50%。其中，注册资本在 3 000万元以上的 1 186家，占比 34. 7%，但具有自主研发实力的企业约 100 家，而且企业研发投入仅占主营业务收入的 3. 56%，虽然与 2010 相比，呈现上升的趋势，但与跨国种业公司 10%以上研发投入相比还有较大的差距，而且仍低于国际正常线 5%。近几年，经过行业不断调整，中国种子企业数量快速减少，合并或重组后的大型企业数量和市场规模不断增长，行业集中度有所提高，但相较于发达国家仍较低，中国种业龙头企业的市场占有率仍较低，使中国种业在国际市场上无法与大型的国际跨国公司相抗衡。《2017 年中国种业发展报告》显示，2016 年中国前

十位的种子企业商品种子销售额为98.90亿元，仅占全国的15.20%，而美国种业前十强占国内种业市值的70%以上。可见，美国种业公司数量少，而规模较大，科研投入较大，国际竞争力相对较强。

二、企业育繁推一体化程度不够，市场竞争力弱

目前，在中国3 421家种子企业中，具有育繁推一体化的企业有140家左右。大部分农作物遗传育种与种子生产、销售完全割裂，科研机构主要从事育种环节，种业公司则负责生产和销售。这一现状导致中国种子企业绝大部分没有品种研发能力，而具有自主研发能力的企业研发规模较小，基础较差，投入较低，研发实力远落后于跨国公司。因此，中国种业在从科研到生产经营的产业链条上，育繁推脱节的情况非常严重，导致总体育种水平徘徊不前，低水平重复，与市场脱节，具有推广价值的突破性品种少，严重制约中国种企核心竞争力。

三、种业知识产权保护意识不强，种业面临创新危机

中国科研人员和企业人员对于种业知识产权保护意识淡薄，主要是历史原因所致。因为在计划经济时代，科学家的研究成果是无偿使用的。这一惯性在一定程度上导致科研机构只看重成果，而轻视保护。同时，生产企业也是注重生产销售，疏忽对知识产权的保护，这种现象导致中国一些种质资源被国外剽窃，损失相关的潜在利益。另外，在知识产权侵权方面，违法成本低，一些不法分子剽窃他人成果，轻松抢占市场、非法获利。长期以来，严重挫伤了育种创新的单位和科研人员的工作积极性，使中国种业面临科技创新危机，从而失去国际竞争力。

四、科研经费投入少，开发效率低下

1. 种子企业的科研投入少

在种业科研方面，中国农业科研投入机制中98.5%的农业科研资金来自政府，从事农业科研的机构主要是分布于中央、省、市、县四级行政区域的400多家各类农业科研机构和高校。中国大多数企业研发投入占销售额的比例仅为2%~3%，而跨国公司一般科研投入占销售额的10%左右，有的高达15%~20%。大型跨国种子企业都会投入大量的资金进行自主研发，提高自身科研能力创新。

2. 科研成果转化率低

与发达国家相比，中国种业基础性、公益性研究薄弱，品种选育与生产实际脱节，科研单位与企业缺乏有效协作，种业科研成果评价与转化机制不健全，导致选育出的品种同质化严重，抗逆水平较低，商品品质不高，种子生产加工、品种试验鉴定和种子检验检测等关键技术不能满足实际需要。国内的各种农作物品种有88%来源于科研单位，而科研单位跟踪模仿的技术较多，原创和具有自主知识产权的技术相对较少，加上科研机构的推广能力、推广网络和市场运作能力受到科研体制改革滞后的影响。同时，企业由于人才储备不足，自主创新力量非常薄弱。在发达国家，种业对农业生产提升的贡献率达到60%，中国只有30%~40%。2017年，根据农业部科教司统计中国拥有农业（地市级以上）科研机构1 100多家，科研人员达12万人，其中育种人员5万多人。由于种子行业比较分散，规模小，资金有限，绝大多数的公司里没有科研人员，企业只是将种子购入和卖出的“中间商”。由于中国长期实行的是政府出钱育种、公司无偿用种的模式，所育品种没有知识产权的保护，育种人也没有适当的经济回报，所以科研人员只关心品种的选育，至于推广应用的情况并不是十分关心，致使农业科技创新能力严重不足。据报道，虽然国家和省（区）每年都会审定成百上千个新品种，但是只有30%~40%的品种应用于生产转化为生产力，大多数新品种都无法在生产中得到推广。

农业科技成果转化应用率低，最重要的原因在于技术需求与供给严重脱节。现有的科研考评机制和管理模式造成大量科研人员重论文轻发明、重数量轻质量、重成果轻应用。据报道，中国农业科技成果只有30%~40%转化为生产力，目前大多数所谓的科技成果还局限在样品、展品、礼品阶段。除了开发、推广存在“缺腿”外，由于科技成果的应用性较差，也造成了转化的难度。对于直接从事农业生产的农民而言，这些大量被鉴定的科技成果没有什么实际意义。

受短期利益的驱动，科研人员受短期利益机制的驱动，热衷于追求数量和速度。一方面研究内容在低水平上交叉重复，农业科研单位把大部分人力、财力、物力从事应用技术开发，急于获得所谓的成果或社会的认可，另一方面具有突破性的技术储备不足，制约科技创新。各级科研单位分散地做所谓高精尖研究，研究内容“小、浅、散”，解决不了生产上存在的问题。科研成果寿命短暂，对经济增长贡献不大。

缺乏合作的机制与意识。中国无论是育种科研机构还是种子企业，大多是“小而散，各立山头，单兵作战”，育种和推广相脱节的状况没有实质改变，育繁推一体化进程还受到多方面的制约。受历史及体制的局限，种子企业大多自身科研力量薄弱，科技创新特别是原始创新先天不足。以水稻和玉米为代表，企业科研大都围绕生产上大面积应用的几个核心不育系、自交系反复配组，品种多但突破性品种少，根本不能缓解行业参与国际竞争之“急”。长此以往，必将危及中国种业乃至农业的稳定与安全。

五、缺乏先进的管理和运营方法及经验

虽然目前大部分企业是民营性质，但由于计划经济的影响，绝大部分企业是由国有种子公司改制的。目前全国有几家上市公司，但也和其他种子公司一样，长期在国家的政策保护下生存，企业领导人市场竞争意识缺乏，观念普遍滞后，管理和运营经验不足，国有科研单位人员多、负担重，分配机制、激励机制、约束机制等严重滞后，很难调动员工的积极性。国有科研单位一直为政府的附属机构，种子企业普遍缺乏长期战略研究和规划。

市场发育不足表现为以下几点。一是经营不规范。从事种子经营的商家较多。有的经营者有固定经营场所，也有的乡镇、村屯的经营者没有固定的经营场所。消费者所购的种子一旦出现问题，种子管理部门则无法找到经营者，不利于保护农民的利益。二是种子包装不规范。《种子法》规定专门经营不再分装种子的可以不办经营许可证。所以，除县种子公司外，大部分都属于专门经营不再分装种子的经营者。而目前各供种公司及集团，没有按《种子法》的规定去包装种子，还都用过去的大包装，有的还用旧包装袋，当农民买少量种子时，拆包装的现象时有发生，这很容易被认为是假种子。由于种子市场鱼龙混杂，不利于种子质量检查。三是不使用仪器检测。由于种子这一特殊商品，不像其他商品可以比较直观地鉴定其真伪优劣。它是一个有生命的商品，它的质量鉴定必须经过一个生命周期或借助一定的仪器检测。而在中国现存的种子市场检查中，只能按照《种子法》的要求，检查其种子标签标注的质量是否合格，种子质量并不能直观地看到，对种子质量有异议的也要抽样检测。而抽样测定又涉及费用问题，目前尚未能解决。四是人才缺乏。现有种子企业的人才基本上是来源于各大农林院校毕业生，技术方面的高层次人才不足，管理、营销以及复合型人才方面更是缺乏，要参与世界范围内种子的竞争必须加快培养适应国际种子市场需要的人才。

长期以来，品种试验鉴定、种子检验检测技术和手段落后，种子管理职能弱化，加上一些地方农业部门监管不到位，以及现行种子法律法规及其配

套规章不适应新形势的需要，导致品种多乱杂、套牌侵权、制售假劣种子的问题较为突出，这些情况制约了种业的健康发展。

第五节　中国种业市场竞争趋势分析

鉴于如上所述，结合中国的实际国情，国内的种业市场未来会发生一系列深刻的变化。变化的结果是行业的集中度越来越高，农户可选择的高产、优质、高稳定性的新品种越来越多，农民的增收还可促进农村经济的繁荣和农村产业化结构升级。

一、种业的高风险趋势依然存在

种业的高投入、高复杂和高风险性决定了一旦行业的市场化规则得以确立，行业内企业的集中度会很快形成，其聚集化速度会大大快于消费品行业。近两三年将是种子行业最残酷的“洗牌年”“淘汰年”，一些种业巨头正逐渐浮出水面。

二、种业产业链发展趋势明显

种业是一个特殊的行业，从种业研发、品种申报、试验示范、生产、质检、收购、精选、分装、仓储物流、市场营销、售后等环节的复杂性和联动性来看，种子企业的核心竞争力来自新品研发能力、生产的标准化程度、营销网络建设及综合以上三大体系的管理整合能力。大的种业公司都已涵盖三大体系，但各自体系的竞争力及管理整合能力却千差万别。目前各大种子企业还都基本处于市场竞争初期粗放式的经营阶段，未来谁能掌握先机，谁就更有可能成为行业的领导者。

三、企业研发能力逐渐增强

新品种的研发能力是种子企业最核心的竞争力，无论是农户、网络客户，还是各级政府都希望有更多的高产、优质、高抗或稳产性能好等特性的品种以增加农民收入。种子的生态机理极为复杂，研发投入大、周期长，这也就是为什么有些育种专家穷尽一生都未能选育出新品种的原因。目前，市场上销售的大部分（数百种）仍是大路品种，恶性竞争使大路品种的价格一降再降已无任何利润，而一些企业只因为拥有少数几个专有品种却获得可观的利润并培养了一大批忠诚的网络客户。可以说，未来的种业市场是专有品种的天下，一家在新品研发方面没有优势的种子企业很难想象在未来的竞争中能存活。

四、大规模生产势不可当

由于生态区域的差异性及分散的农户家庭式生产风险的不可控性，缺乏制种标准化生产工艺的种业公司都是将生产基地尽量广为分散，以防止系统性风险。基地往往以县为区域单元，每个县的制种又分散在多个乡镇，大部分以几十亩至一二百亩为一片。这种“分田到户”的制种方式无法保证种子的质量且成本也居高不下，所以制种生产的标准化、基地规模化是将来大型种业公司的发展方向。在中国土地公有制的约束下，大规模的“租地”制种是基地规模化的必然选择，且制种基地规模化后能与新品研发和试验产生协同效应。

五、市场化的趋势已不可逆转

种业市场虽然仍存在很多计划经济的痕迹，甚至在某些地方行政力量还占据主导地位，但市场化的趋势已不可逆转。电视广告、终端促销（如刮刮卡等)、精品包装、POP 海报等营销手法已不再是新鲜事，代理制、深度分销、终端加盟店等形式已逐渐被种子企业采纳，甚至在消费品行业出现的终端争夺战在种业也已初现端倪。有人提出“把种业作为消费品来做”的口号是种业市场营销正在发生变化的最好写照。

六、企业的综合管理水平亟待提升

种业的高复杂性、高风险性决定了仅有品种资源、良好的质量和高超的营销技巧并不够，还需要全面提升企业的综合管理水平。种子每年的销售季节也就持续 3~5 个月，一旦生产的种子销售不完，亏损和库年存积压会使明年的竞争背上包袱。建立高效的市场竞争情报收集分析和反馈系统、快速而有效的决策系统、弹性化的生产应变体系是提高综合管理水平的主要内容。综合管理水平的提升是降低经营风险和获得持续竞争优势的重要途径。

本章小结

从世界种子贸易和知识产权现状来看，中国种子一直处于贸易逆差状态，中国虽然拥有世界第二大的种子市场，但在世界种子市场竞争中，中国种子得到的国外市场份额较少，而失去的国内市场份额多，显然处于市场竞争的劣势地位。从中国种子企业品种权的申请量和授权量比较来看，中国植物品种权的年申请量一直保持在国际植物新品种保护联盟（UPOV）成员国第四位，有效品种权量居前十位。国内农业科研院所在植物新品种申请和授权方面占据了绝对主导地位。在此基础上分析影响中国种业核心竞争力的主要因素在于企业规模小、科研投入少、转化率低、知识产权保护效果尚未充分体现、缺乏先进的管理和运营方法与经验。最后对中国种业市场未来竞争趋势进行初步判断，未来种业竞争将日趋激烈，行业集中度快速增强，研发能力、营销能力及标准化、规模化程度成为企业获得持续竞争优势的重要途径。

第五章
国外种业发展模式及经验借鉴与启示

从19世纪50年代开始，西方发达国家就开始重视种子工作，较早颁布了种子管理法规，建立起规范的种子管理体制，种业得到了蓬勃发展，产生了一批具有跨国竞争能力的大型种子企业。分析和研究国外种业的发展规律，借鉴其研发、经营、管理经验，对于中国种业的发展将大有裨益。

第一节　国际种业的形成与发展

种业是种子经营相关的企业或部门的集合体。真正意义上种业的形成应是以种子成为商品并以经营主体——种子公司的出现为标志。1742年，世界第一家种子公司在法国成立并开始从事商品种子经营活动。1784年，北美第一家种子公司戴维·兰德里斯（David Landreth）在费城建立，经营菜豆、卷心菜、胡萝卜、洋葱、豌豆和生菜等蔬菜种子；1850年，全美已有5家种子公司，主要通过邮购方式销售蔬菜和花卉种子；1883年6月，美国种子贸易协会成立，第一次种子批发和零售商整合。从种子公司的成立到农作物种子发展成为一项产业经历了约一百余年的历史。由于孟德尔遗传定律的发现及之后的杂交理论的研究与应用，从20世纪初开始，世界种业发展迅速，种子公司数量不断增加，实力不断壮大，其中部分种子公司发展成为全国性的种子企业，实力雄厚的逐步发展成大型跨国种业集团。

一、世界种业发展历程

18世纪40年代成立的法国威马种子公司是世界上成立最早的现代种业公司，以此为基础，随着生物技术的发展和工业化进程的加快，种子产业逐渐形成了一套较为完整的产销结构和经营体系，特别是杂交和转基因技术的出现和应用，使得培育出优质高产的“良种”成为可能。市场需求增加及技术进步进一步带动了种子产业规模的不断扩大，以世界种子产业市场规模为例，据国际种子联盟提供的数据，1975 年全球种业市值为 120 亿美元，1996 年增长到 300 亿美元，而到 2017 年世界种业市值已达 400 亿美元。随着种业发展对杂交及转基因技术要求的不断提高，跨国种业公司依靠其在上述方面拥有的优势，迅速占领了种业市场，并出现了少数几家跨国公司控制全球绝大部分销售额的局面。分析世界种业发展现状，首先要了解以美国等发达国家为代表的世界种子产业经历的发展历程，可以概括为以下几个时期。

1. 政府主导时期（1900—1930 年）

大多数发达国家在种业发展初期，由于缺乏必要的法律及政策法规约束，种子市场经营极不规范，缺乏监管、市场混乱、研发无序等问题较为突出。基于当时市场机制还不健全等因素，很多国家不得不由政府出面，采取政府主导的方式开展经营活动。以美国为例，20 世纪 20 年代美国专门成立了作物品种改良协会及配套的种子认证机构，负责品种研发和审定工作，一直到 20 世纪 30 年代，美国还一直采用的是品种由州立大学和科研机构联合培育、政府审定、农民购买的经营模式。

2. 立法阶段（1930—1970 年）

通过制定相关法律制度对品种知识产权的保护标志着种业市场化进程的开启，这一时期种业市场结束了过去以公立机构为主的经营模式，开始向以私立公司为主的经营模式转变。市场经营主体也由最初的从事种子加工、包装和销售的私人公司逐渐演变成为专业性或地域性的种子公司，还有一些公司靠销售公共品种起家，也有公司聘用专家，培育新品种或出售亲本材料；后期甚至出现了品种研发、繁育和销售紧密结合起来的育繁推一体化的大型种业公司。

3. 商业化经营（竞争性垄断）阶段（1971—1990 年）

这一时期出现了以市场垄断为目的的私营种子公司，通过建立属于自己的品种研发中心，依靠政府出台保护品种产权的政策法规，不断加快扩大市场规模的步伐，并在种业市场发展中占据主导地位。随着种业市场竞争的不断加剧，有实力的企业开始依靠自身先进的技术优势和资源优势通过并购、合资等方式进一步壮大自身实力，巩固在市场中的垄断地位，并使公司朝着研发、繁育、销售一体化的跨国种业巨头方向发展。

4. 种业全球化阶段（1990 年至今）

随着经济全球化及贸易自由化的不断推进，以及种业市场知识产权保护力度的不断加大，这一时期有实力的跨国种业公司掀起了并购的浪潮，进而呈现出跨国种业巨头并存，少数公司占据了国际种业市场大部分市场份额的局面。具体体现在两个方面：一是跨国种业巨头大都来源于种业发源较早、技术水平较高的少数几个发达国家，如美国、荷兰、德国、法国等；二是全球排名前十位的种业公司所占市场份额不断增加，寡头地位逐渐形成。有关数据显示，1996 年排名全球前十位的跨国种子公司市场销售额占全球总销售额的比例为 17.75%，2006 年这一比例上升为 36.97%，2017 年则进一步上升到 70%左右，其中排名前位的跨国种子公司（孟山都、陶氏杜邦、先正达）销售总额占全球销售总额的比重为 57.4%，由此，国际种业市场集中程度可见一斑。

二、世界种业发展概况

随着全球经济一体化、市场化、贸易自由化的发展进程不断加快，始于 20 世纪初期以欧美为代表的世界主要发达国家的种子行业，基于农业现代化背景下，目前为止已经完成了现代化、工业化的进程，进入了以高新技术为关键核心，通过大力增强科研投入、企业并购重组、利用成熟的市场体系等方式推动种业全球化发展为主要特征的种子产业垄断阶段。但世界巨头种子企业不满足于现状，仍然进行着并购和整合，试图在瞬息万变的市场经济中寻求突破并保持竞争优势。

1. 全球种业市值不断增加

从 2000 年开始，全球种业市场市值一直不断增加，21 世纪前十年全球种业市值增长速度最快，那一时期正是转基因技术开始推广并走向成熟并被市场迅速接纳的时期，可见科学技术对种业经济发展有推动作用。根据国际种子联盟统计，截至 2017 年，全球种子市值已达到了 400 亿美元，较 2001 年的 150 亿美元增长了 177%（图 5-1）。全球商品化种子市场区域性明显，70%以上的商品种子市场都集中在 20 个国家。其中，位列第一的是美国，市场规模约 158.3 亿美元，其次是中国、法国、巴西、加拿大、印度、日本、德国等国家（图 5-2）。

2. 全球种业市场寡头垄断格局日益突出

随着经济全球化、贸易自由化的不断推进，跨国种业巨头依靠技术、资金优势，从 20 世纪 90 年代开始调整战略，通过兼并重组的方式不断扩大市场规模，增加市场份额，种业市场集中度迅速提高的同时，寡头垄断格局也日益突出。1996—2017 年，全球前十强种子企业发生了变化，但全球排名前

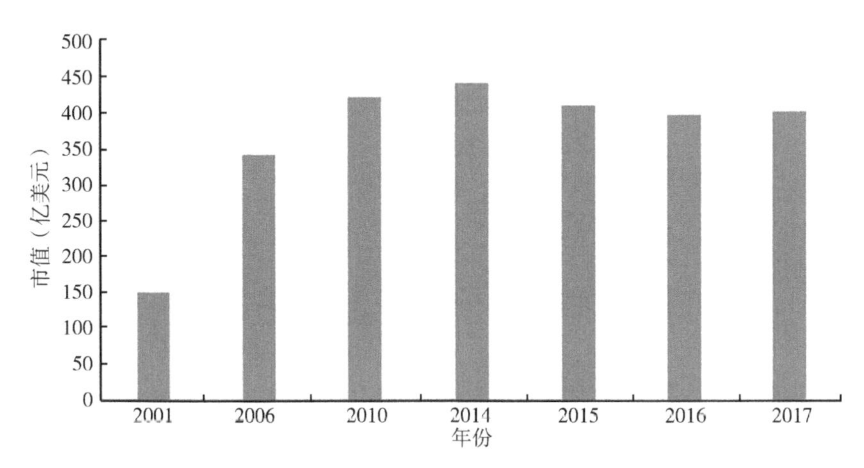

图 5-1 全球种业市场市值

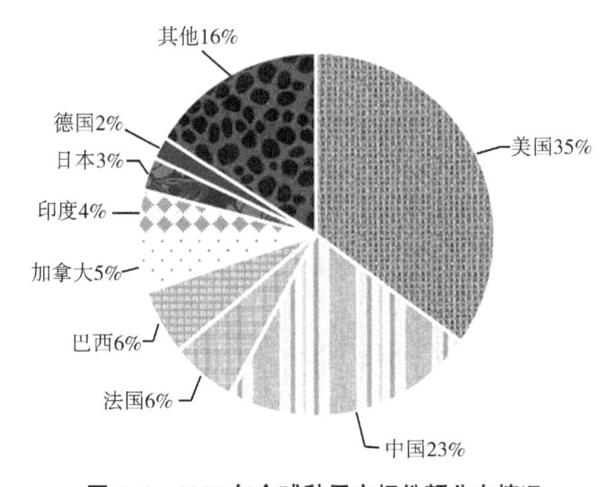

图 5-2 2017 年全球种子市场份额分布情况

三位的种子企业占比则由 10.17%增加到 57.4%，增加趋势非常明显。不难看出，经济全球化背景下国际种业市场的集中程度非常之高，少数企业占据了绝大部分市场份额，垄断趋势非常明显。

值得一提的是，虽然国际种业公司巨头凭借着起步早的优势，以及财大气粗的底气、领先的科技技术和成熟的一体化经营模式，占据着国际市场大部分份额。其中孟山都、陶氏杜邦、先正达（2017 年已被中国化工集团收购）等老牌全球十大种业公司，占据了世界一半多的种源，但随着近年来中国种子企业的发展和进步，种子销售额的年度榜单前十位已不再是外国企业一家独大。如2017年先正达（中国）和隆平高科更是跻身年度种子销售额全球排行前十位，排名依次为孟山都（100.11亿欧元）、陶氏杜邦（74.96亿欧元）、先正达（中国）（24.37亿欧元）、利马格兰（16.63亿欧元）、科沃施（13.57亿欧元）、拜耳（13.56亿欧元）、丹农（4.79亿欧元）、瑞克斯旺（3.88亿欧元）、隆平高科（3.04亿欧元）、坂田种业（2.85亿欧元）（表5-1）。

表5-1 2017年种子销售额全球排行前十位企业

企业名称	销售额（亿欧元）
孟山都（2018年拜耳收购）	100.11
陶氏杜邦	74.96
先正达（2017年中国化工集团收购）	24.37
利马格兰	16.63
科沃施	13.57
拜耳	13.56
丹农	4.97
瑞克斯旺	3.88
隆平高科	3.04
坂田种业	2.85

第二节 国际农作物种业发展特点与趋势分析

一、世界种业发展特征

以发达国家为代表的世界种业经营模式和管理体系在市场开放和经济全球化形势下不断发展的过程中，一般表现出以下特征。

1. 管理法制化

种子作为生产资料也作为特殊商品，各国都意识到要对其的生产经营加强管理，利用立法手段，对种子产业进行法制化、规范化的管理。发达国家的相关立法一般包括种子的品种选育、生产加工、推广销售等产业相关环节。种子立法历史悠久、种子监管法规内容非常系统。除了国家政府出台的相应种子条款外，各地方也颁布各自的管理条例，使得整个监管体系灵活而操作性强。因此，健全的法律体系是世界种业管理体制确立的依据和保障。

2. 种子企业规模化

受到全球经济一体化的影响，加上基因工程、杂交技术的运用和发展的推动，世界跨国巨头纷纷进入种子行业，收购、兼并专业种子公司，引发业界重组、并购的浪潮。通过兼并重组，世界种业发展呈集中化、国际化、多元化态势，小公司逐渐消失，大型企业进一步扩大，形成规模经济。重组后企业内部实力增强，从而减小外部因素变化对企业的不利影响，确保企业有资金发展在业界前沿，降低新品种开发和市场拓展的风险成本。

3. 种子生产标准化和行业相关化

一般来说，发达国家的企业和农场（经过政府认定具备专业性）共同负责生产种子。因此，生产部门如何控制种子的生产标准非常重要。种子企业会要求农场方面按照合同中指定的标准生产种子，同时规范和明确生产方的行为和义务。在生产过程中由企业提供必要的技术指导和支持，农场提供种子生产的土地、厂房等条件。种子生产出来后，由企业负责一系列的市场运作。为保证种子质量，稳固市场份额以及提高竞争力，企业严格控制种子生产标准，对种子的水分、净度、纯度等各项指标都有明确的规定。例如，先锋国际良种公司就规定其商品种子的标准纯度不能低于90%，泽蒙玉米研究所也规定其一级种子标准纯度为99%，发芽率必须大于93%。

另外，为适应市场发展的需要和满足种子公司提高竞争能力的要求，种子产业与化工、农药等产业之间相互结合的速度加快，与这些产业的产业关联程度不断提高。

（1）采取品种多元经营模式。发达国家的大型种子企业不会仅仅经营一个品种或者一类商品，其主营业务常常并不是种子经营。对于企业而言，跨行业经营、丰富产品结构、增加产品的多元化有利于选择不同市场，提高企业的竞争力和经济效益。

（2）跨行兼并资源、人才的流动融合。市场条件下，企业各自为战已没有优势。通过资源整合，不仅获得大量资金，而且集行业上下游链条为一体的大型企业是发展的方向，不同行业整合在一起，增加了企业的管理灵活性，促进了原来不同行业人才的流动，增强了公司实力。

（3）其他行业进驻带来新模式。例如，大型化工企业对种子企业的收购，种子生产就可以得到转变，借鉴其他行业的工业模式、市场营销模式，完善生产加工、包装营销过程，有利于企业规避风险并提高利润。

二、世界种业发展趋势分析

美国等发达国家农作物种业发展始于19世纪，现已完成工业化、现代化和国际化进程，逐步进入垄断阶段，受现代生物技术、农业机械化、信息和通信技术、知识产权保护及全球化等因素的驱动，已经发生巨大变化的世界种业正在呈现出如下变化趋势。

1. 种业作为国家战略产业其地位进一步明确

美国等发达国家将种业作为保障本国粮食安全乃至影响世界粮食安全的战略产业优先发展，并将种业投资列入影响国家安全的审查范围。

2. 种业发展迅速，市场价值快速增长

据国际种子联盟数据显示，2018年全球种子市场价值约39.43亿美元，比21世纪初增长近40%。

3. 引发种子公司重组、兼并热潮，产业集中度明显提高

1985年全球十大种子公司总销售额为23.85亿美元，商品种子市场占有率仅为10%，2009年国际种业前十强销售收入为192亿美元，占全球种子市场的46%，到了2017年，全球十大种子公司种子销售额达到260亿美元，占全球商业品种的65%，且进入全球前列的种子公司逐渐被农化、生物技术公司占据。可见，世界种业呈现出集中化、多元化、国际化趋势，小公司消失，大公司数量减少，产业聚集度明显提高。

4. 生物技术迅猛发展，转基因作物面积大幅度增加

跨国农化集团进入种子产业的最主要吸引力在于“种子是生物技术的载体”。世界种业巨头在生物技术、新品种研发等领域投入较大，一般都在其种子销售额的10%以上。由于有大量的资金投入，在生物工程特别是转基因技术研发领域取得了巨大成功，开发出了携带抗病、抗虫、耐除草剂等目标基因的玉米、棉花、大豆等新品种。尽管受到一些组织的抵制甚至反对，但由于转基因种子能给农民带来降低成本及使用上的便利等好处，并可减轻环境污染，在生产上得到了广泛应用。

在转基因作物商业化的16年中，据国际农业生物技术应用服务组织统计，全球转基因种植面积从1996年的170万 hm^2 增长至2017年的1.898亿 hm^2，全球转基因农作物商业化22年间，种植面积增长了约112倍。从全球转基因作物种植品种来看，主要以大豆、玉米、棉花、油菜四大作物为主，其中：转基因大豆的种植面积最大，2017年达到9 410万 hm^2，占全球转基因作物总种植面积的一半；其次是转基因玉米，2017年种植面积为

5 970万 hm^2，占全球转基因种植面积的 30.51%；第三和第四分别为转基因棉花和转基因油菜，2017 年种植面积分别为 2 421万 hm^2 和 1 020万 hm^2，全球占比分别为 12.76%和 5.37%。2017 年四大转基因农作物种植面积合计占比达到了 98.21%。

除了大豆、玉米、棉花、油菜四大农作物外，2017 年上市的转基因农作物还有苜蓿、甜菜、番木瓜、南瓜、茄子、马铃薯和苹果等，更多品类的转基因农作物上市，为全球消费者提供了更多选择。

5. 知识产权保护力度日益增强，私人公司或组织逐步成为种业主体

目前，已有 74 个国家加入国际植物新品种保护联盟，其中 49 个国家选择《国际植物新品种保护公约》（1991 年文本），对植物新品种实行更严格的保护措施。植物新品种作为知识产权得到法律保护，使得私人投资种子产业有利可图，大大促进了私人种子公司的兴起与发展。目前，发达国家的新品种选育、生产、经营以及生物技术的研究与开发主要由私人种子公司或私人组织承担，甚至种子质量检验、种子纠纷等中介业务也由私人组织承担。种子行业协会是种子从业人员或组织的非政府组织，在推动种子国际贸易、种子行业交流、种子标准等行规的制定和执行方面发挥着越来越重要的作用。随着市场的不断推进，原来计划色彩较浓的发展中国家和地区（如中国、东欧）的私人种子公司或组织正在快速兴起和发展。

第三节　国际种业发展模式及对中国种业发展的启示

以美国等西方发达国家为主的国际种业在发展过程中显示出先进的生物技术、成熟的经营模式、丰富的市场经验以及雄厚的资本实力，因此在国际种业市场上具有明显优势，为市场竞争力提供保障。

一、国际种业发展模式

1. 美国种业发展模式

（1）高投入、高产出，促进种业发展良性循环。美国农作物种业一方面注重传统育种，另一方面也不惜重金积极引入高科技及生物技术，如分子标记辅助育种技术等，致力于培育更优良且高经济价值的农作物品种。借助自身技术优势、营销优势，迅速拓展市场，在市场高占有率的前提下，将取得的巨大经济效益中较大一部分继续转入科研中来，使得自身专利、技术不断积累、垄断，进而形成良性循环。

（2）根据市场需求确定育种目标。美国的农作物种子绝大多数来源于企业研发培育，而企业要想发展壮大，须紧跟市场需求。美国育种向来重视品种的商业前景，且始终将高产作为首要目标。为了达到高产能、高效益，便借助先进的生物技术大力开展高科技育种工作，分子标记技术、基因检测技术的大力引进，使得种子产品质量得到保证的同时，更能培育出符合市场需求的产品。随着市场需求的不断变化，美国种子企业的培育目标也发生了变化，它能紧跟市场，及时做出改变，以期培育出更具商业价值的产品。

（3）品种试验规模大，机械化程度高。相比我国，美国地广人稀，劳动力较为匮乏，因此他们更注重培育有利于机械化耕收的品种，这样做既节省了资源投入，又提高了生产效率。为此，美国的种子企业非常重视规模化的试验，这样有利于品种的筛选；同时，在试验过程中，通过多设试点解决重复问题。例如，美国的玉米试验种植密度一般能达到近 9 万株/hm^2，而我国的试验密度为 5 万~6 万株/hm^2。美国的玉米试验全程采用机械化，涵盖播种、施肥、收获等工序，且机械设备在世界上处于领先地位。机械化的全程使用有效避免了人为误差，极大地提高了工作效率，降低了用工成本，使得播种和收获时间更易把握。

（4）商业化育种技术研究与应用。跨国种子企业主导商业化育种进程的持续推进，新的育种技术大量应用于生产实践，伴随育种技术的更新迭代、规模化生产，生产效率和产品质量得以大幅提高，生产成本也得到有效节省。同时，为保证新品种的商业价值，跨国种子企业还借助先进的生产技术，使得专用性品种，如抗病虫害、抗倒伏、适应性强的新产品得以持续推出。又如在玉米品种上，先锋公司率先推出非转基因抗旱品种和转基因耐旱品种；先正达率先推出具有广谱抗虫效果的转基因玉米新品种，可抗玉米的 14 种虫害，该公司还投入大量人力物力，致力于研发用于提取燃料乙醇的专用品种。孟山都借助其强大的转基因育种技术，在抗旱和防病虫害等方面也研发了大量新品种，并逐步在玉米、大豆等作物上投入生产。

（5）重视品种权保护。政府和企业都十分重视品种权保护。政府通过制定联邦法律，最大限度为育种家品种权和专利技术等方面加以保护；企业借助先进的种子生产技术对自己研发的品种加以保护，孟山都通过对产品的基因片段进行分子标记，可以有效防止他人盗用。育种家可以自行选择采用品种权保护或者是专利权保护，在很大程度上激励了育种家的育种积极性，推动了新产品及新技术的产出、推广和应用，形成了良性循环。

（6）种业政策法规完善。美国品种相关政策法规体系健全，且是保护与限制并重的，在为商业经营活动提供支持的同时，也给予适当限制。美国种子的销售和流通在《联邦种子法》的约束下，由美国农业部农业市场服务机构负责开展，该法规对有关农作物种子和蔬菜种子跨州运输做出了明确规定，要求该类种子必须有规定的标签，且标签信息是真实有效的，以供农户选择。但该法规未对种子注册登记进行限制，即不要求种子经过政府的正式注册登记，只要购买者认可这些品种的商业价值即可，法规要求种子企业推出的新品种必须通过企业、公共科研机构、高校或农场试验以及能提供证明其自身优越性的相关生产数据。受该类法规影响，农户可自行选购需要的种子，更容易购买到国外以及国内先进技术生产的品种，所以农户是直接受益者，市场直接决定了品种的成败，这使得美国本土种子企业、外国种子企业和进口商受益良多。

美国知识产权保护体系完备，育种家的权益得到了充分保障，有助于育种家发挥更大的效能，有利于育种单位回收成本、积累研发资本。育种家的权益若无法得到保障，育种家便失去了培育新的优良品种的动力。在该体系中，美国植物品种保护办公室负责知识产权保护，美国专利办公室负责植物专利、实用专利、商标保护，州法和联邦法对商业秘密提供保护。植物品种保护办公室颁发的植物品种保护证书为企业提供了新技术保护，美国政府于20 世纪 80 年代开始允许使用实用专利来保护植物材料，使得实用专利给予育种者更多的保护和控制。动植物卫生检验局通过运用科技手段，负责保护美国国内市场不受国外病虫害的侵入。

2. 德国种业发展模式

（1）法律法规体系完备。1953 年，作为最早对植物新品种进行知识产权保护的德国颁布了《保护植物品种和人工栽培植物种子法》，其法律规定植物新品种在未登记的情况下（蔬菜种子除外），不得以任何形式进行生产、加工和销售。为了对育种者进行法律保护，1968 年起对该法规进行修订以满足植物品种的特异性、一致性、稳定性、新颖性。受新品种保护法保护的育种者对其已授权的品种在销售和繁殖方面起决定性作用。德国专利局仅对植物的植物体、组织、部分及细胞培养物、育种方法等方面授予专利保护。1992 年德国以欧盟成员的身份加入国际植物新品种保护联盟公约组织。

关于实质性派生品种制度的豁免权包括“研究者豁免”和“农民权利”，但是国际植物新品种保护联盟允许签署国根据育种者的权利进行调整，德国与美国“农民权利”不同的是，只有小规模经营的农民及农场主可以在未支付许可费的情况下在其土地上种植授权品种作为合法所得；其他类型的农民需先向品种法人支付权利金方可使用授权品种，德国国家农业部下属的德国联邦品种局对植物品种保护法律和管理体系进行监督管理。新品种保护专利权需经过 DUS 测试、审定和登记方能授予。

（2）中介机构管理监督。德国联邦育种者协会（GPA）在农作物商业化育种合作组织运行中起了重要的协调作用，该组织由 147 名成员组成，主要包括农业、园艺育种和种子贸易公司。德国联邦育种者协会由德国私营植物育种促进会（GFP）、专利权购买与利用协会（GVS）、品种促进有限责任公司（SFG）和种子托管有限责任公司（STV）四个部门共同组成。商业化育种合作顺利进行受德国联邦育种者协会监管，其以成员的利益出发参与相关种子法律法规的修订、种子市场监管、新品种专利授权保护及为种子研发提供资金链支持。

相关法律法规的修订、种子市场规则的制定、植物新品种权益保护、为种子研发提供资金扶持。第一，德国联邦育种者协会协调了参与商业化育种合作组织的各成员之间的利益。协会以推动农作物新品种技术研发和商业化运行为目标，成员间形成了一种长期合作关系。第二，德国联邦育种者协会对成员的商誉起到一种规范机会主义行为的防御作用。为避免植物新品种在栽培过程中的不确定性而造成种子市场的动荡，协会为了维持其成员的商誉，会对种子市场的新品种进行严格的质量控制，农作物新品种会被送往德国植物品种办公室进行所谓的“后生产控制”，再次对品种纯度和品种特性进行测试，如果新品种未到达法律的最低标准，将调查未达标的原因，而新品种很可能会被取消列入国家登记名录的资格。“后生产控制”是一种以惩罚的方式保证成员契约履行义务的抵押机制，通过这种机制规范成员研发和生产流程，以确保将携带良好基因的新品种投放于种子市场中。第三，德国联邦育种者协会同时作为协会成员与其他育种组织的信息交流和沟通平台，为双方提供新品种价值审核、交易和调解等服务。当双方进行专利转让和许可交易的过程中出现新品种的预期价值估计不一致，交易难以达成的情况时，德国联邦育种者协会相互协调保证其交易顺利进行。在双方发生纠纷时，育种者协会还可提供仲裁调解服务。

（3）实施契约模式。考虑到新品种类型、市场半径和最终使用者特性等技术市场结构因素，农作物商业化育种企业将采用以下 4 种契约模式实现对许可使用费的支付。第一，直接契约模式。农作物商业化育种企业直接向销售企业提供生产授权的新品种，并收取许可费用。此模式适用于育种企业可提供大量性状稳定的新品种，要本地销售企业打开当地销售通道，从而形成大的销售网络的情况。在这种模式下，育种企业掌握资本的调控范围，可获得较大剩余，销售企业仅起到对新品种的运输和储存作用。第二，间接契约模式。育种企业将种子的使用权赋予种子生产企业，最终使用者将从生产企业处获得种子。针对用种需求量大，且适用播种的地域范围较广，运输、储存成本较高的新品种，育种企业将新品种的生产和销售权赋予销售企业。第三，瓶颈契约模式。最终使用者将育种企业授权的品种收获产品销售给加工企业，加工企业向最终使用者收取许可费并支付给育种企业。当新品种作为初级农产品需集中到加工企业才能产生规模经济并适于播种地域较广时，育种企业采用此种模式能节约与最终使用者的交易成本。第四，基金契约模式。育种企业将收取许可费的权利委托给基金会，最终使用者将直接向基金会缴纳授权品种的使用费。当最终使用者较分散且适于播种的地域范围较大时，采用此种契约模式可以节约育种企业的交易成本。以上四种模式中，育种种子企业的议价能力逐步降低。

综上所述，德国建立了较为完备的植物新品种保护法律框架，形成了以私有育种企业为主体，德国育种者协会等中介机构提供服务支撑，功能完善的商业化育种体系。育种者权利得到了较好的保护，激发了育种者的积极性和创造性，保证了农作物商业化育种契约的有效实施，推动了农作物新品种的推广和应用。

3. 法国种业发展模式

法国因为其良好的气候条件和较完整的农作物育种体系，在世界农业范围内具有重要影响。据统计，2014—2015 年法国种子出口总额达 14.59 亿欧元，成功超越美国及荷兰，成为世界第一种子出口国。第二次世界大战结束至今，法国经历了由公立机构为主导的育种模式向私有商业化的育种模式转变，并且最终在 20 世纪末成功融入世界种业跨国垄断的行列当中。

（1）多机构并存，依托相关法律促进优质种子全面推广。法国于 20 世纪 30 年代初制定了官方种子品种目录，对种子的品种和质量进行官方认证，通过立法来强制要求农民仅可以购买品种目录中的产品，从而使得农民快速淘汰原有的自留种，转向使用高品质的选育种，进而达到提高农业生产率的目的。在此期间先后成立了法国国家种子行业间协会（GNIS）、育种技术常设委员会（CTPS）、国家农业科学研究院（INRA）。其中 GNIS 主要负责种业的发展方向，制定相关规则并且执行监管任务；CTPS 主要负责对农业信息进行收集和整理，制定育种相关的技术指标及法律法规，同时向法国农业部提供发展建议；INRA 作为主导育种的公立机构，其主要作用是运用科学技术，对农作物品种进行改良，提高农业生产率最终达到增产的目的。多机构并存相互配合，严格执行相关法律使得法国种业能够快速恢复因为战争而被破坏的农业生产环境。

（2）完善的政策制度推动私有育种企业高效发展。一是法国实行的植物新品种证书（COV）制度，允许产品研发者拥有 25~30 年不等的产品商业推广垄断权。其目的是加大优良品种的种植面积以及加速农业现代化进程。商业化育种公司通过知识产权保护制度，提高了经济收益的同时对公司的发展形成良性刺激，最终带动法国商业化育种行业的迅猛发展。二是公共政策研究导向的调整，财政科研支持的减少，直接影响了科研机构对育种的投入。公立研发机构将研究重点放在育种研究的上游环节，但是这种研究很难直接转化成经济效益，所以对私人公司的影响力较小。三是充分发挥种子企业的市场主体作用，以市场需求为方向，建立完善的产业体系，推动种子企业提高其核心竞争力。良好的种业市场结构及科学的发展战略对私有育种企业的发展具有深远影响，政府通过调控市场再由市场对种子企业进行调节，实现对种子行业市场结构的管控。四是政府通过成立种子品种研究控制集团，对种子的质量进行测试和监管，确保每一包经过官方鉴定过的种子都达到农业部关于繁育种子的技术标准，同时也保障了育种企业在快速发展的过程中具有可靠性与稳定性。

（3）种业全球化发展，通过兼并重组实现跨国垄断。法国种子公司在 21 世纪进入全球化发展阶段。种业的总体规模持续扩大，逐渐处于世界种业的垄断地位。与此同时，国内生产种子企业的数量和规模在持续减少，种子行业开始大规模兼并整合，生产呈现集中化趋势。法国种子企业为了实现产业全球化战略，在世界多个国家和地区开展业务，通过采取横向收购的方式对本土种子企业实现兼并重组，达到扩大产业规模、增加收益的目的。以利马格兰公司为例，2000 年兼并了美国大湖种子公司，垄断了玉米大豆种子业务；2006 年并购了日本米可多育种农场株式会社；2013 年收购了美国 EUREKA 种子企业。

二、国外种业发展经验总结

美国、德国、法国等农业发达国家在政府的大力支持下，基础性、公益性研究工作主要由公共科研机构和高校承担，并且在专门推广机构的帮助下，完成种子的推广与使用，且都出台了相应的政策法规措施，对种子市场及种子企业加以保护，有效地保障了私人投资成效，种子企业的科研育种积极性明显增高，且赶超了公共科研机构。其中，美国私人企业在农业研发上投入的资金从1970年的20亿美元增长到目前的45亿美元左右，而联邦和州的研发投入从1978年至今一直徘徊在25亿美元左右，私人企业在作物育种研发上的投入也呈现逐年增多态势。另据美国农业部的一项调查研究显示，私人企业每年植物育种研发经费为3.38亿美元，占公共机构和私人企业总花费的61%，而公共科研机构仅约为2亿美元。美国90%以上的商业化育种都是由企业承担，高校基本从事基础性研究，20世纪80年代后开始与企业合作从事一些应用性研究。政策的驱动，加之企业重视市场需求，拥有先进的生产技术和优势明显的产品，使得他们迅速积累了财富。因此，美国、德国、法国的农业发达国家在经历了政府主导和扶持，私人种子企业进入发展、合并重组垄断经营三个阶段后，凭借较为成熟的商业化育种模式，使本国的种子企业在世界种业竞争中占绝对优势。

1. 以完善的管理机制保障商业化育种模式运行

一是育种分工机制。种子企业承担90%以上的商业化育种任务，政府则致力于加强法律法规制定、维护种业市场秩序、保护品种的知识产权、制定种业战略等，保障种业发展的基础条件建设。二是种业育种成果评价机制。种业育种的评价机制相对健全，主要包括：育种成果评价政策体系完备，管理手段相对成熟且有法律保障；评价工作主要由相对稳定且高水平的第三方社会咨询评估机构承担，对规避中间利益输送有很好的效果；针对不同项目，采用不同的评价方法及标准，评价方式灵活多样。三是知识产权归属机制。公益性研发成果归属以承担单位所有为主、政府所有为辅的原则。对直管的科研机构的成果产出，政府可以自己的名义申请并享有知识产权。四是新品种审定机制。对于主要农作物品种的管理，采用品种认证制度，在保险制度健全的前提下，节约新品种上市时间，把选择权完全交给农民。五是公共育种成果转化机制。政府出台一系列法律法规，对成果转化进行立法保障，同时对负责成果转化的部门、职责和经费予以明确，在积极推动各种形式的科企合作、产学研结合过程中，形成较为成熟的科研成果商业化运作的模式。六是宽松的企业约束机制。种子企业兼并重组是商业化育种的必然阶段，对种子企业没有设准入门槛，而是采取“宽进严管”策略，通过市场竞争实现优胜劣汰。

2. 育种目标遵循市场规律，并以现代生物技术引领研发

欧美等农业发达国家种子企业普遍注重育种与农艺结合，工作人员全程参与育种研发、种子生产、市场营销等过程，使育种目标更符合农业生产和市场需求，有利于品种选育走向商业化和专业化。与此同时，大型种子企业十分注重生物技术领域的育种研究，多年来不断投入大量研发资金，使其在多个应用技术领域发展迅速。为了严控种子质量，欧美等农业发达国家制定了规范的种子生产标准（包括国内标准和国际标准）和投放程序。新种子在投放市场前，都必须与现有的种子进行比较试验，确保种子质量优良后才能经过生产、加工、包装等环节投入市场流通，保证种子商品的标准化、品牌化、商标化和包装化。海南省新品种选育仍以常规育种为主，通过田间性状鉴定选择目标株系，且周期长、效率低、优良性状整合难，一般不易有效鉴别杂合单株、培育具有突破创新性性状的新品种。而通过分子标记进行辅助选择、全基因组选育核心的分子育种技术，“可以准确在苗期鉴定出包含目标基因的单株，明确其基因类型，育种周期短、效率高，并可在较小群体内选择包含多个优良性状的单株或株系，促进优良性状聚集”。

3. 种子企业在全球构建育种试验平台和管理平台

欧美等农业发达国家种子企业在近百个国家建立了育种研发中心或联合试验站，使育种试验平台在全球广泛分布，繁育种子适应全球的大部分国家的种子市场。例如，截至 2017 年孟山都公司有全球育种试验站 180 多个，先锋公司有试验站 126 个。科研人员可从海量资源中对比筛选优良性状，因地制宜地进行品种适应性试验，并且可通过内部管理平台将所有试验数据在公司内部联网共享。公司内部管理平台可对全球的优良种质资源进行分类管理，有效提高信息共享交流的规范化、高效化和实时化，为其拓展业务，凝聚全球化竞争优势奠定了强大的信息基础。

三、国外种业发展模式的经验对中国种业的启示

跨国种子企业为了保证其在核心技术上的垄断地位，投入了大量的科研经费，视研发为公司发展基石，保证其育种水平能走在世界前列。逐步形成了资金投入—科技投入—利润产出的良性循环。可见，要做到高科技高水准的商业化育种，大量的资金投入是必不可少的，以利马格兰为例，该公司 2012—2013 年的销售总收入约为 14.46 亿欧元，其中，该公司用于创新育种的科研投入占全年销售总收入的 13%，高达 1.88 亿欧元。这一数字约为该公司 10 年前用于科研投入资金的 2.44 倍。高投入高回报，以科技创新为基

础实现育种水平领先于世界。在全球化整体战略布局中，逐步完善商业体系及产业模式，形成生产经营、技术研究、食品加工等多方位于一体的产业体系。以此来保证其能在当今复杂多变并且竞争激烈的世界种业环境中占据一席之地。

欧美等农业发达国家凭借自身的经济、技术优势、成熟完备的商业化育种模式，在全球农作物种业市场中占有很重要的地位，其成功很重要的一点就是定位准确，并将本国的公共育种单位和企业进行了明确分工。公共育种单位主要负责先期育种、种质资源研究等基础性创新工作研究，为企业商业化育种“填空补漏”的同时提供技术及服务支撑。在政府的支持下，公共育种单位还负责没有市场规模效应的少数品种、边远地区品种的研究工作，这种管理体制对于我国厘清公共育种和商业育种之间的关系，构建符合我国国情的育种体系具有重要启示意义。我们只有将科研院所与企业进行明确分工，整合资源，才可打造出具有较强竞争力的种业集团。

1. 建立现代企业制度，构建种业发展的长效机制

中国种业方面应打破国有种业公司国家独资的局面，建立法人治理结构，弄清产权关系，让种子企业真正成为市场主体，建立竞争机制、激励机制和创新机制，通过资金、技术入股，优化资源配置，进行全方位技术合作，组建跨地区、跨行业的股份制种子企业集团，拓展国内国际两个市场。还要营造一个开放、流动、激励、竞争的环境，走开放之路。种业公司要以变应变，引入新的机制，切实加快改革步伐，优化资本结构，增强制度创新、技术创新和管理创新的外在压力，建立起种业公司长效激励机制，以新的思路、新的设备、新的技术、新的品种去拓展国内国际市场，不断运用现代管理技术、方法、手段，提高管理水平和管理者的综合素质，实现综合效益最大化。

2. 整合优势，加大对种业科技开发和优化资源配置

中国种业尚处于弱势，在种业做大做强过程中，我们缺乏资金、技术、人才，在种业国际化进程中，应提倡以引进为主，建立种子生产基地及种子贮存、周转库，实现制繁种的专业化、标准化。中国有较好的种子市场，也有较好的品种与科研优势，宜引则引，宜出则出，抓住外资大量流入特别是跨国公司进入中国的契机，选择开放道路，以最终资源是否得到有效整合、种业是否发展为标准，优化资源配置，拓宽发展空间，借助跨国公司的优势迅速提高自己，实现双赢。

3. 着重搞好种子生产标准化

种子生产体系是实施种子工程的关键，包括种子生产、加工、处理、贮藏、检验等。世界发达国家十分重视优质种子的生产，强化种子生产技术的规范化，加强对优良品种的生产管理。AOSCA、OECD 的种子认证管理以及欧盟国家的强制性种子认证制度，都把生产优质种子作为种子工作的重点。中国应通过总结生产实践和科学试验的经验，对农作物优良品种和种子的特性、种子生产加工、种子质量、种子检验方法及种子包装、运输、储藏等方面制定科学明确的技术规定，并制定一系列可行的技术标准。种业公司除了严格遵守国家种子标准外，还应建立公司严格的商品种子生产标准和商品种子上市标准，如先锋良种国际公司规定其商品种子的标准纯度不能低于90%。

4. 强化信息管理和配套服务水平

中国种业公司要充分利用队伍专、人才多、分布广、信息灵的优势，将产前的项目筛选、产中的技术指导和产后的销售服务作为自己的全程配套服务范围。产前要搞好市场调查和预测，为公司及市场提供准确的信息服务和技术准备；产中充分考虑信息技术的应用，使战略目标与信息系统高度融合在一起；产后采取独营或联营的方式，开展产品的购、销、加、储等方面的新技术服务，以实现产品的多层次增值。

5. 尽快推行“品种登记制”以代替“品种审定制”

美国实施的品种登记制度，一是提高了品种转化效率，二是促进了育种主体权、责、利的有机结合。对于假冒伪劣品种，尤其是在生产中表现极差，给农户造成严重损失的品种，实施严苛的惩罚制度，惩罚对象包括相关育种者、繁育者、推广者和市场经营者。

6. 建立健全知识产权管理体制

建立健全知识产权工作机制、公共财政资助开发的农业科研成果归属和利益分享制度，加紧出台相关法律法规，加大知识产权保护力度，使企业能够获取合理的报酬，进一步调动企业育种创新研究工作积极性，建立健全促进企业发展壮大的市场机制。依法加强市场管理，严把品种知识产权的生产权和销售经营权的合法性。切实做好公共育种项目知识产权的归属问题，加强政府财政资金支持的知识产权管理工作，根据科研机构的隶属情况，借鉴美国的知识产权归属制度，如科研机构不隶属于政府，知识产权归其所有，但政府有介入权；如科研机构同时隶属于政府，知识产权归政府所有，且政府机构可以自己名义申请并享有知识产权。

7. 推动科研机制转化

支持各地政府和有关部门制定和实施农业知识产权产业化政策，鼓励科研院所与企业打造利益共同体，重视研究成果向实际生产转化。引导科研院所发挥科研、技术优势为企业提供智力支持，加快科研院所科技成果向优势种子企业转移，借助企业较强的市场把控及推广能力，加速海南省内种子企业的资源融合和并购重组。建立农业知识产权公共信息平台，注重培育农业知识产权中介服务机构和商业化运作组织，加速科研院所育种成果的商业化进程。

本章小结

从世界种业发展的历程来看，与中国种业发展相似，也是由政府管理到过渡阶段、垄断阶段、市场化竞争阶段，说明从种业发展的规律来看，种业最终应该走向市场化；通过对种子市场化管理体制、种子产业管理模式、质量认证管理、农业科技创新体系等方面的国外经验借鉴分析，种子企业对研发投入的快速增长是种业发展巨大推动力，同时重视品牌的建设与保护，以法治种，保证质量也是其成功的经验之一。从世界种业发展的特点及趋势来看，种业作为国家战略产业地位进一步明确，种业发展迅速，市场价值快速增长，引发种子公司重组、兼并热潮，产业集中度明显提高，私人公司或组织逐步成为种业主体。

第六章
海南国家南繁种业发展现状分析

南繁作为中国种业的加速器，在科研繁种加代、育种和制种等方面发挥的作用不可替代。而国家南繁科研育种基地是面向国际种业发展前沿、国家粮食安全战略需求和科研育种产业创新发展需要，开展南繁育种基础研究、南繁产业共性关键技术研发、种业成果转化与产业化等活动的科技产业创新基地，是凝聚和培养高层次科研育种人才队伍、促进种质资源引进与国际合作、保障国家现代种业科技持续健康发展的重要基础。

第一节　南繁对农作物育种的意义及发展历程

一、南繁对农作物育种的重大意义

南繁在中国农业发展中起到了重要作用。尤其在艰苦的年代里，一些老育种家克服重重困难，跋山涉水，来海南南繁加代，育出许多良种。

南繁不只对北方农业科研有益，为当地造福的例子不胜枚举。众所周知的甜瓜育种专家吴明珠，30 多年前在南繁育种期间，开始改良新疆的甜瓜品种，以适于当地种植，同时研究了配套栽培技术，并安排专人负责在乐东、三亚等地推广种植，为海南农民找到了一个新的致富出路。如今，海南的甜瓜，个个香甜，不仅满足了当地需求，在北方的冬季也可以吃到海南种植的新疆系甜瓜。

育种家利用南繁北育，培育出大量的优良品种，为中国粮食产量连年增产作出了贡献。例如，北京市农林科学院玉米研究中心在玉米品种选育上有着突出贡献，自 2000 年以来，已选育并通过审定的玉米品种有 100 多个，有 5 个品种被农业部列为主导品种。其中京科 968（国审玉 2011007）年种植面积已超过 2 000万亩，成为目前中国玉米种植面积最大的主导品种之一。

京科糯2000（国审玉2006063）不仅通过了国家审定，还陆续通过了全国20多个省区市审定，也是中国第一个在国外审定的玉米品种；该品种成为中国多年来种植面积最大、种植范围最广的鲜食玉米品种，占中国鲜食糯玉米总面积的50%左右，促进了中国鲜食糯玉米的快速发展，使中国成为全球第一大鲜食玉米生产国和消费国；其种子已经走出国门，其产品更是远销全球50多个国家，仅在越南年种植面积就超过100万亩，占该国鲜食玉米总面积的一半以上。选育出的京农科728（国审玉20170007）是中国首批通过国家审定的机收籽粒品种，成为黄淮海夏玉米主导品种之一，已累计推广1 000多万亩。2018年，北京市农林科学院玉米研究中心又有21个品种通过国家审定，居全国同行业之首。

据统计，目前全国77%以上农作物品种的诞生都离不开南繁基地的孕育。“南繁”不是两个字简单地连在一起，它与中国的粮食安全紧密相连，对中国农业发展有着深远的历史意义。

二、南繁发展历程

从1956年至20世纪60年代，以中国杂交玉米育种的奠基人、杂交玉米之父吴绍骙、中国现代稻作科学奠基人丁颖等为代表的老一代育种家提出了“进行异地培育以丰富玉米自交系资源”的南繁加代理论。1956年9月，辽宁省农业科学院、辽宁省水稻研究所在海南三亚开始选育优良水稻和玉米品种，揭开了中国南繁育种工作的序幕。紧接着湖南、山东、河南、四川等省专家及技术人员开始了南繁的探索和实践，玉米异地培育理论和实践受到农业界和科技界的肯定。到了20世纪90年代中期，农业部和海南省政府联合在三亚设立国家南繁工作领导小组办公室，专门协调处理有关南繁事务。1995年，在海南省政府和农业部的支持下，海南省农垦总局组建海南南繁种子基地有限公司，提供专业的试验用地服务。2005年3月，三亚市政府组建三亚市南繁科学技术研究院，承担南繁科研与成果转化平台建设。目前，全国26个地区设有南繁管理机构，其中新疆、山东、江苏和湖南等4个省区南繁机构具有独立的法人资格，还有7个南繁机构属各省区种子管理站内设机构，河北、山西和内蒙古21个省区南繁机构有相对稳定的经费、管理人员和固定办公场所。2013年，海南省政府在南繁管理办公室和海南省南繁植物检疫站的基础上，合并组建财政全额事业单位的海南省南繁管理局，对外行使国家南繁办公室职能。

自2015年以来，国家高度重视南繁基地建设，经国务院批准，农业部、国家发展改革委员会、财政部、国土资源部和海南省政府联合印发《国家南繁科研育种基地（海南）建设规划（2015—2025年）》，提出要在三亚、陵水和乐东划定1.79万hm^2适宜南繁的永久基本农田保护区，实行南繁用途管制。2018年4月，习近平总书记考察南繁工作时强调，十几亿人口要吃饭，这是中国最大的国情。良种在促进粮食增产方面具有十分关键的作用。要下决心把中国种业搞上去，抓紧培育具有自主知识产权的优良品种，从源头上保障国家粮食安全。国家南繁科研育种基地是国家宝贵的农业科研平台，一定要建成集科研、生产、销售、科技交流、成果转化为一体的服务全国的“南繁硅谷”。当前，海南省提出了以产业化、市场化、专业化、集约化、国际化为总目标规划建设南繁科技城的发展思路。农业农村部明确支持海南省深入推进南繁体制改革和机制创新，要求海南省在国家南繁工作领导小组及协调组框架内积极研究推动南繁规划落实，打牢南繁科技城建设基础，配合做好南繁科技城规划编制，提供最有力的科研支持，共同做好新一轮南繁建设谋划。

第二节　南繁种业发展现状

据统计，2018—2019年，共有约770家科研单位、种子机构和企业，7 780余名科研人员在海南省开展南繁育制种工作，科研育种面积达214 331亩，与20世纪80年代初期相比翻了两番。2018年11月至2019年2月底，共访谈、调查南繁单位（机构）82余家，回收有效问卷71份，涵盖科研院所、大专院校、国内种业公司、合资种业公司、个人以及其他事业单位等机构，包括了从事南繁工作的大型、中型、小型单位。

一、南繁单位基本情况

目前，来自全国30个省区市（西藏自治区、青海省及香港、澳门特别行政区尚未南繁），约770家南繁单位（其中科研院校约360家），约2万名南繁人员（其中科研人员约7 786人）从事南繁工作。

1. 组织管理现状

目前，安徽、江苏、新疆、黑龙江、福建、辽宁、北京、广西、江西、四川、河南、湖南、湖北、山东、贵州等（含海南和新疆生产建设兵团）26个省区市设有南繁管理机构，其中有法人事业单位4个（正处级单位3个、副处级单位 1 个)，属省种子管理站内设机构的有 7 个，其余为抽调委派人员组成，在职在编人员 70 人。其中，海南、新疆、山东、江苏和湖南 5 省区设有独立法人事业单位，有固定的办公场所和工作经费；河北、山西和内蒙古等 21 个省区市及新疆生产建设兵团有相对稳定的管理人员、固定办公场所和一定的工作经费；目前尚未设立南繁管理机构的仍有天津、广东、广西、湖北、甘肃和宁夏 6 个省区市。各省的南繁指挥部（工作站）服务于本省在海南从事南繁的农业科研单位、企业及个人，主要协调解决南繁用地用水，处理各种纠纷，并负责与国家南繁办、海南省植物检疫部门联系，协助办理植物检疫手续，上报南繁情况等工作。从实效来看，有经费支持且有健全的机构的南繁省区（如新疆、江苏、福建等)，其南繁工作开展比较顺利，而对于机构不健全、经费无保证的省区市，其南繁管理与服务工作相对难于开展。

2. 南繁基地规模

（1）海南省现有南繁基地规模。海南现有的南繁基地主要集中在三亚、陵水、乐东等地。其中育种科研主要以签订长期合同的方式为主，制种生产临时租地的方式比较普遍。南繁基地用地方式主要有 3 种类型：①长期租用三亚警备区农场、南滨农场和原（良）种场等的国有土地，租期一般为 10~30 年，各南繁单位或南繁管理单位建有稳定的办公和生活设施；②长期租用农村集体土地，租期 10~30 年，形成了比较固定的南繁基地，有一定的科研生产和生活设施条件；③临时租用国有农场土地和农民承包地，一般是一年一租，涉及农户多、地点分散且不稳定，农田基础设施条件差。据统计，用于育种科研用地 1 327. 1hm^2，其中签订长期合同的 786. 4hm^2，临时租土地 540. 8hm^2，生产用地 16 447. 7hm^2，签订长期合同的 4 229hm^2，临时租土地 12 238. 7hm^2。

（2）南繁办公基地建设情况。全国共有 21 个省区市设置了南繁指挥部（工作站)，总计投资超过 3 亿元，在海南三亚、陵水、乐东、临高等地建立永久南繁办公基地，建筑面积达 20 370m^2，占地 20. 9hm^2。有 16 个省级单位总投入 4 552万元，建立了省级管理的固定南繁基地 284. 6hm^2。有 109 个农业科研单位和种子企业投入 10 695万元，相继建立了稳定的南繁育种基地 597. 9hm^2。

3. 南繁产业规模

目前，南繁已形成了一定产业基础，拥有 13 家种子公司，其中 1 家为上市公司。琼南 3 市县种子出岛销售产值近 10 亿元。近年来，南繁区农民为南繁单位提供代繁、代扩、代鉴定等技术性服务，收益达 15 万元/hm^2，逐步成为海南农民增收的重要来源。

二、南繁单位需求现状分析

1. 南繁用地保障急需加强

近年来，南繁育制种面积保持在 1.3 万 hm^2以上，南繁科研用地面积约 2 666.7hm^2，其中绝大部分采用租赁方式，租期 10 年以上的情况占少数（不到 50%），其他均为短期或临时租用。通过调研得知，每年 10 月到翌年 4 月冬季瓜菜种植面积日益扩大，与南繁争地的矛盾日渐凸显，农民出租土地用作南繁的收益明显低于冬季种瓜菜，导致南繁租地成本大幅上升。以种植圣女果为例，农户种植圣女果可获得纯收入超过 15 万元/hm^2，而南繁用地国家补贴 7 500元/hm^2、租用单位补贴 3 万元/hm^2，农户不再愿意出租土地给南繁单位。同时，南繁用地需求量近年快速增长，“无地南繁”的局面已经出现苗头。另外，城镇建设侵占南繁科研用地的问题也日益突出，许多科研单位经过多年建设的南繁基地难以保全。通过对南繁单位的现场调研和问卷的统计分析，约有 80%的单位认为现有的基地面积不能满足需求，约 15%的单位认为基地面积基本满足需求，只有约 5%的单位认为基地面积能够满足需求。笔者对南繁单位的问卷调查也发现，有 67%的被调查单位提出须农业主管部门协调提供优良育制种基地的需求。

2. 南繁水利设施条件亟待改善

在调研走访的 50 家南繁单位中，有 60%的单位提出在基地水利设施条件改善方面急需得到支持，尤其是一些建立时间不久，还未完全投入使用的南繁基地，水利灌溉条件更是难以得到保障，存在“靠天南繁”的情况。主要原因：一是在南繁基地周边，当地政府部门没有规划建设公共灌溉水渠；二是南繁单位本身财力投入有限，对自有基地的水利设施建设投入不足。

3. 南繁用地土质有待改良

南繁基地集中在三亚、陵水和乐东 3 个市县，光热条件十分优越，但调研发现 3 个市县的土壤 pH 值普遍偏酸性。例如，陵水的土壤母质为花岗岩，轻壤和沙壤在土壤中所占比例较大，耕地地力水平较低；土壤 pH 值为 5.3，变幅为 3.8~8.1；土壤有机质含量为 1.0~73.0g/kg，其中，90%的土壤有机质含量低于 35.0g/kg，78%的土壤有机质含量为 8.8~22.0g/kg；土壤有效磷平均含量为 34.6mg/kg，变幅为 0.1~873.7mg/kg；土壤速效钾平均含量为 37.0mg/kg。在每年 5—9 月的非南繁时间，大部分土地闲置，杂草丛生，耗费地力，水肥流失严重。土壤地力的下降可直接影响南繁作物（主要是水稻、玉米）长势和所育制种子的品质。现场调研和问卷结果表明，有60%以上的单位急需土壤改良方面的技术支持，希望专家推荐适合南繁耕地土壤改良的有机肥产品。

4. 南繁人员的生活条件有待改善

近年有7 000多名科研人员在海南开展南繁工作，科研人员的生活保障条件直接影响南繁工作开展。调研发现，南繁人员的生活条件（如交通状况、生活用水等）需要改善。以山西省农业科学院南繁基地为例，该基地位于乐东县九所镇，在通往交通主干道的必经之路上横亘着一条小河沟，由于没有架设桥梁，雨季需涉水通行，存在极大的安全隐患。还有一些基地的生活用水不能得到满足，需打井和蓄水才能维持日常生活，且水质较差，长期饮用对科研人员的身体健康有潜在危害。总体来说，南繁单位的生活条件差异较大，个别南繁单位情况比较突出，急需改善和提高。

5. 南繁机械化程度有待提高

目前，南繁制种的相关设备普遍较为陈旧、落后，已不能适应南繁制种发展需求。大部分南繁单位（尤其是制种单位）的机械化程度较低，需大量聘用生产工人（主要是从外地聘请40~60岁的农民），直接增加了生产管理成本和南繁单位的用人风险。与南繁制种生产相比，南繁科研育种由于具有作物种类多、面积小、材料多等特点，且育种过程中的多个环节（如授粉等）必须由人工操作，对机械化的要求相对较低。

6. 南繁单位与当地政府部门的沟通渠道需要拓宽

南繁单位尤其需要疏通与国土、税务等部门的沟通渠道。据部分调研对象反映，南繁单位在办理租地和税收方面的事务时，存在办事难、效率低的问题，希望当地有关单位能够简化相关办事流程，提高办事效率。同时，积极向南繁单位宣讲有关政策和办事流程，开通南繁单位办事“绿色通道”，尽可能减轻南繁单位异地协调工作的困难，促进与当地相关管理部门的沟通交流。

7. 需建立南繁信息服务管理平台，促进南繁交流

目前，有相当一部分南繁单位的基地零星分布在海南三亚、陵水和乐东，南繁人员只有在南繁季节的几个月才集中到海南来开展南繁育制种工作，平时在田间地头忙碌，早出晚归，很少有时间和机会在一起交流南繁工作。调研发现，90%以上的南繁单位对加强与兄弟单位的交流有较为强烈的意愿。受访对象一致认为非常有必要建立南繁信息服务平台，期望通过该平台在国家政策、土地规划、气象服务、项目申报、植物检验检疫、转基因检测、农资采购以及种业形势等方面获得信息服务。

三、南繁产业取得的进展

积极推进编制国家南繁硅谷、南繁科研育种基地、南繁科技城、全球动植物种质资源引进中转基地等一系列规划，通过“多规合一”在三亚、陵水、乐东划定26.80万亩南繁科研育种保护区（其中，核心区5.3万亩），规划建设的4万亩南繁育种基地高标准农田已经开始建设。通过南繁种业助推海南乃至全国种业发展，仅水稻每年可生产种子1.60亿kg，可播种面积8 000万亩。南繁作物种类拓展到农林牧渔等多个领域，覆盖植物达130余种，有超过100万份以上的动植物材料及品种进入南繁区。

第三节　南繁产业发展目标及发展路径

一、南繁产业发展目标

南繁经过60多年的发展，呈现基地平台化、产业融合化、产业国际化、事业产业化、产业集群化、产业链条化等六大趋势。经过对南繁产业化条件进行分析和对南繁产业进行诊断，在供给侧改革、问题导向、协同发展、创意与创新、市场主导、政府引导等6项原则下，在政府部门、科研院校和产业企业的多重协同协作下，提出南繁产业发展目标是实现南繁产业价值链由低端向中、高端转移，建设国家种业体制改革试验区，培育全国性公共科研育种平台、国际性种业贸易平台，提升南繁基地吸引种业产学研主体的能力、服务全国现代农业的能力、影响国际交往合作的能力和海南热带高效农业的竞争能力，将建设以南繁种质资源创新利用、南繁生物育种、南繁检验检疫、南繁生物安全等领域为主要代表的南繁种业科技创新基地；建设以本科生、研究生学历教育为主的南繁种业人才培养基地；建设南繁种业国际合作交流基地，服务南繁种业“走出去”。创建世界一流的南繁种业科技创新中心，建设成为南繁科技创新的火车头，南繁人才培养的孵化器，南繁种业国际化的助推器。

二、南繁产业发展路径

在现代汉语中“路径”具有位移事件框架的建构功能，路径表达位移实体的移动方向与路线。种业发展战略路径可由目标层、路径层、机制层和要素层组成。根据南繁产业发展的目标定位，在南繁产业发展现状和发展潜力前提下，陈冠铭等提出海南省发展南繁产业的战略路径（图 6-1）。

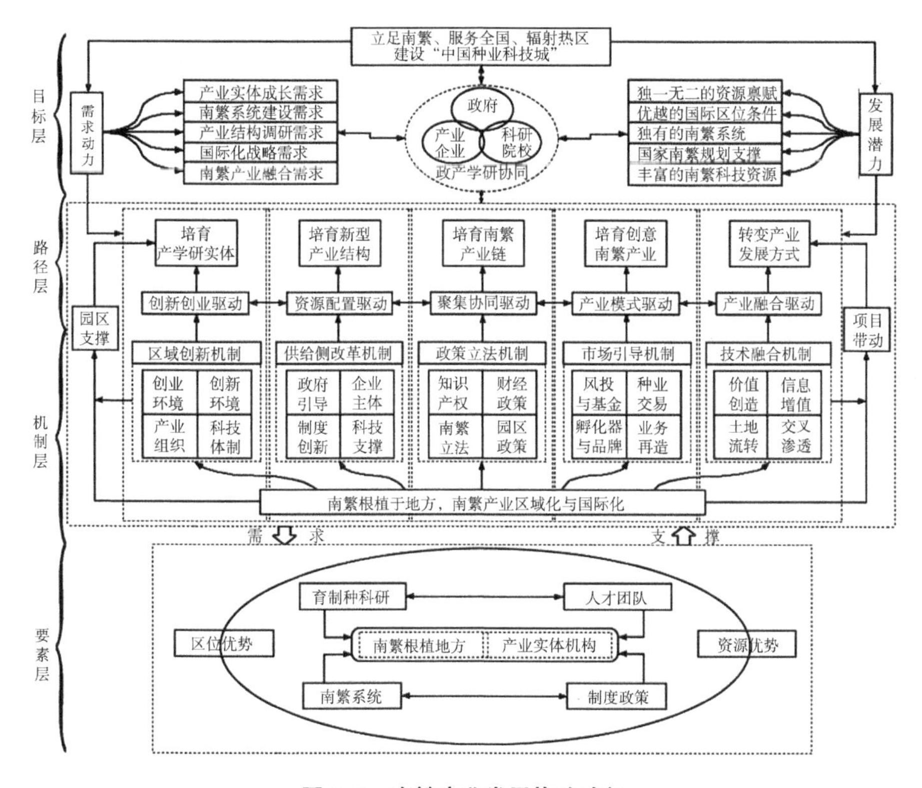

图 6-1　南繁产业发展战略路径

海南的南繁产业发展具备独一无二的资源禀赋、优越的国际区位条件、独有的南繁系统、正在实施的国家南繁保护区规划建设，以及丰富的南繁人才、品种和信息等资源潜力。南繁产业发展的动力主要来源于地方经济实体成长、南繁系统建设、农业结构调整、国际化发展战略和产业融合等内在需求，其中区位优势、资源优势、育制种科研、人才团队、南繁系统、制度政策、南繁根植地方和产业实体机构成为南繁产业发展的关键要素。南繁产业在区位和资源优势的背景下，以南繁系统、制度政策为核心，以育制种科研创新和人才团队为动力，促进南繁嵌入地方经济和培育南繁产业发展的主体。为了实现南繁产业发展目标，需要在南繁产业链微笑曲线的两端发力，以创新创意、金融服务、放松管制、网络信息为突破点，以园区支撑、项目带动为切入点，构建“区域创业驱动、资源配置驱动、产业融合驱动、产业模式驱动和聚集协同驱动”的产业发展路径模式，加速转变产业发展方式、培育创意南繁产业、培育产学研实体、培育新型产业结构和培育南繁产业链，最终孕育出新型南繁产业发展格局。

三、南繁产业发展运行机制

南繁产业发展的运行机制以实现南繁根植于地方、促进南繁种业区域化和国际化为核心，形成区域创新机制、供给侧改革机制、技术融合机制、市场引导机制和政策立法机制，打通南繁产业价值链和实现产业价值链延伸，以促进南繁产业化，培育出南繁产业链。

1. 区域创新机制

为实现创新创业驱动，需要培育良好的创新创业环境，以降低创新创业门槛，深化科技体制改革，以建立吸纳南繁人才的灵活机制，用利益引导南繁科研机构及企业在海南设立法人机构以“留凤筑巢”，打造南繁产业组织形态，建立南繁技术战略联盟及各类学会、协会，举办三亚国际种业产业论坛，建立各南繁工程中心、实验室、区试站、新品种测试中心等科技创新与服务平台，从而形成区域创新创业机制，培育出南繁产业的产学研主体，增强南繁产业坚实的实体支撑和龙头带动作用。

2. 供给侧改革机制

为实现资源配置驱动，要充分发挥政府的引导作用以力促供给侧改革，通过资源的重新调配、组合、凝聚以创造出更高层次、更具活力的产业生产力，深化改革地方人力资源、社会管理、转移支付等制度以引导资源向产业企业主体倾斜，推进地方涉农事业单位改革并打破部门、层级和行业界限对涉农事业单位资源分类整合，以增强地方对南繁产业的科技支撑，破除所有制界限力促资源整合，以实现农业集团化发展，培训职业农民以引导农民参与获利，引导建立制种、南繁服务等农民专业合作社，培育出以南繁为主体的新型产业结构，为南繁产业集群化和产业化奠定基础。

3. 技术融合机制

为实现产业融合驱动，面向南繁机构、面向种业国内外市场进行价值创造，用“互联网+”的思维来构建南繁育种材料、品种、人才、市场等大数据以实现信息增值，支持土地流转以机械化推动南繁制种产业发展，引入生物育种技术、航天育种技术、旅游产业、国际贸易平台、会展经济、文化产业等交叉渗透传统南繁育制种事业以培育高效南繁智慧产业，建立现代南繁育种体系以转变南繁产业发展形势，实现南繁产业的差异化发展。

4. 场引导机制

为实现产业模式驱动，运用金融工具、引入风险投资、设立产业基金以实现南繁产业快速成长，建设产业企业孵化器、孕育南繁品牌以增强南繁产业发展潜力，用科技平台带动、种业交易、商业模式创新等方式实现企业的业务再造，支持和引导企业、合作社、农户通过合作、合股等建立多种多层次、差异化利益联结，以标准化来实现南繁活动产品化，培育创意南繁产业，实现南繁产业跨越式发展的“蓝海战略”。

5. 政策立法机制

为实现聚集协同驱动，增强种业市场管理服务能力，减少南繁种业领域的管制，利用特区立法优势解决育种界最为关注的南繁知识产权立法、南繁管理立法等问题，制定良好的南繁产业财经政策、落户政策等，制定南繁品种及品种权国际交易政策以放松种子亲本出口管制，制定给予优惠的建设用地政策、税收政策、项目政策、进出口政策以建设南繁主题高新技术开发区，高新区以政策红利引导集科研、成果开发、金融服务、加工包装、种业交易、教育培训、观光旅游于一体，为南繁产业发展提供良好的环境和空间，最终形成南繁产业集群和南繁产业链，实现南繁产业育繁推服务一体化。

第四节　南繁发展的主要任务

党中央、国务院历来重视南繁工作。2018 年 4 月，习近平总书记考察南繁工作时强调，十几亿人口要吃饭，这是中国最大的国情。良种在促进粮食增产方面具有十分关键的作用。要下决心把中国种业搞上去，抓紧培育具有自主知识产权的优良品种，从源头上保障国家粮食安全。国家南繁科研育种基地是国家宝贵的农业科研平台，一定要建成集科研、生产、销售、科技交流、成果转化为一体的服务全国的“南繁硅谷”。

未来“南繁硅谷”建设的任务就是打造：一个中心，即世界一流的南繁种业科技创新中心；三个基地，即南繁种业科技创新基地［南繁国家实验室（筹）］、南繁种业人才培养基地［中国热带农业科学院大学（筹）］、南繁种业国际合作交流基地；九个平台，即南繁科学技术创新与公共服务平台、南繁检验检疫技术服务平台、南繁生物育种研究平台、南繁生物安全科学平台、南繁种业信息服务平台、南繁种业高端技术人才培养平台、南繁院士工作平台、南繁科教平台、南繁国际交流服务平台。各基地下设若干平台，各平台下设若干研究中心，具体如下。

一、南繁科技创新基地

1. 南繁科学技术创新与公共服务平台

以优异种质资源鉴定与新基因挖掘、良种繁育与种子加工技术等为基础，建设“南繁种质资源库”“南繁种子种苗检验检测中心”“南繁育繁推一体化技术研究中心”等。

2. 南繁检验检疫技术服务平台

以植物检验检疫和疫病防控技术为基础，建设“南繁检验检疫技术中心”，为南繁植物检疫和种子进出口贸易提供技术支撑。

3. 南繁生物育种研究平台

以基因编辑等为主要手段开展南繁作物和热带作物重大育种技术与材料创新、重大品种选育，建设“南繁生物育种研究中心”，开展水稻、玉米和热带作物生物育种，开展基因型到表型的精准评价和生理生态研究。

4. 南繁生物安全科学平台

以转基因作物安全评价、检疫性生物防控、病虫草鼠害防控、外来入侵生物防控等为基础，建设“国家南繁生物育种专区技术服务中心”“南繁转基因作物检测与环境安全评价中心”“南繁外来入侵和有害生物防控中心”。

5. 南繁种业信息服务平台

以南繁种业大数据为基础，建立南繁育种知识产权交易与种质资源信息服务平台，建设“南繁种业知识产权大数据中心”“南繁基因库”“南繁育种材料交流中心”。

二、南繁种业人才培养基地

1. 南繁种业高端技术人才培养平台

根据中国热带农业科学院 17 个一级学科、51 个二级学科建设基础，以作物学、植物保护、基因工程等学科为重点，依托中国热带农业科学院大学（筹），建立“国家南繁研究院”，建立本科、硕士、博士人才教育培养体系，培养南繁种业高端专业人才和种业“走出去”复合型专业人才。同时，在国家南繁研究院建立“南繁国际学院”，主要面向“一带一路”国家培养国际留学生。

2. 南繁院士工作平台

以南繁水稻、玉米、棉花等主要育种作物和冬季瓜菜、热带水果、海洋生物等为研究对象，聚集一批国内外知名院士专家及其创新团队，建设院士联合工作站，配套建设一批博士后联合工作站。

3. 南繁科教平台

以作物栽培、园林园艺、植物保护、生物安全等专业学科为基础，建立“南繁农技人员培训中心”“南繁科普教育中心”。

三、南繁种业国际合作交流基地

以开展种业科技国际合作、人才交流为基础，建立“南繁种业科技国际合作与交流中心”，强化与国际种业技术领域的技术交流与合作。

第五节 南繁产业发展保障措施及对策

一、组织保障

由农业农村部、海南省政府共同牵头成立创建领导小组，共同推进国家南繁研究院创建，及时研究解决推进过程中的重大问题，建立常态化工作推进机制，抓好督促检查，确保各项任务按时间节点推进。由中国热带农业科学院、海南省科技厅牵头成立专项工作推进小组，负责与国家有关部门和省直有关部门及建设单位等的日常沟通协调工作。

二、资金保障

除积极争取国家和有关部委持续稳定的经费支持外，强化地方政府配套资金落实，由国家财政全额支持国家南繁研究院建设。各部门要加强资金安排计划管理，为国家南繁研究院建设发展提供持续资金和财政保障。

三、人才保障

加大人才引进力度，为国家南繁研究院延揽一大批海内外高端人才；坚持培育和引进并举，广泛吸引各类人才，逐步达到2 000名左右的人才规模；

加大人才引进相关配套政策的落实，如保障住房、配偶就业、子女入学（园）和户籍办理等，为引进人才在国家南繁研究院发展提供最有力的支持。

四、基本建设保障

国家南繁研究院主体项目位于三亚南繁科技城，总占地24.33hm^2。总建筑面积100 000m^2，新建试验基地66.67hm^2，申请国家财政投资11.1亿元。项目用地由海南省人民政府专门划拨，建设支撑南繁种业创新研究的基础设施、研究平台、后勤保障配套服务设施，建设开展研究工作的基本条件。一是实验大楼，由海南省人民政府专门划拨土地进行建设，总建筑面积50 000m^2。二是试验基地，根据国家南繁科研育种基地规划，在三亚南繁科技城周边选择66.67hm^2适宜开展水稻、玉米、棉花等南繁主要育种作物和热带特色高效作物田间试验的耕地进行建设；各基地建设晒场、仓库、大棚、实验室等配套设施。三是后勤配套设施，在实验大楼主体建筑的基础上建设配套专家楼和宿舍区，建筑面积40 000m^2。同时，在试验基地建设10 000m^2配套生活设施。科研人员家属安置所需的住宅条件由三亚市政府出台专门政策按照人才引进配套政策解决。

本章小结

南繁产业从1956年开始，经过60多年的发展，现每年有770余家科研单位、种子机构和企业，7 780余名科研人员在海南省开展南繁育制种工作。“南繁”与中国的粮食安全紧密相连，对中国农业发展有着深远的历史意义，目前全国77%以上农作物品种的诞生都离不开南繁基地的孕育过程。

南繁育种基地将会由过去简单的育种加代转变为集科研、生产、销售、科技交流、成果转化为一体的服务全国的“南繁硅谷”。未来“南繁硅谷”建设的任务主要是打造一个中心（即世界一流的南繁种业科技创新中心）、三个基地（即南繁种业科技创新基地、南繁种业人才培养基地、南繁种业国际合作交流基地）、九个平台（即南繁科学技术创新与公共服务平台、南繁检验检疫技术服务平台、南繁生物育种研究平台、南繁生物安全科学平台、南繁种业信息服务平台、南繁种业高端技术人才培养平台、南繁院士工作平台、南繁科教平台、南繁国际交流服务平台）。各基地下设若干平台，各平台下设若干研究中心。

第七章 海南省农作物种业发展实证分析

通过对海南省各级种子管理机构、科研单位、企业、生产基地、农户采取实地走访和问卷调查的形式，对海南省种子科研机构的科研水平和科研体制、种子企业发展现状、农民用种情况、市场监管等情况进行分析，找出制约海南省种业发展的关键因素。

第一节 海南省农作物种业发展现状分析

种子是农业生产中最重要的生产资料，种业是国家战略性、基础性的核心产业。近年来，国家出台多项举措推动种业发展，提出深化种业改革，逐步建立市场主导、种子企业主体的商业化育种体系，以此来保障国家粮食安全和生态安全。海南省拥有独特的自然环境资源，是中国最大的南繁基地，而南繁就是“中国饭碗”的底部支撑，同时也为世界粮食安全作出了中国贡献，南繁产业的发展将助推海南现代农作物种业的高效发展。

一、海南省农作物种业发展现状

长期以来，海南省各级党委、政府和农业行政主管部门高度重视种子工作，通过提高种业的科技创新能力，加快种子管理体制改革，加强种子市场监管，使海南种业迎来了科技创新成果丰硕、行业趋于集中、运转机制灵活、市场竞争有序的大好发展机遇。

1. 科研育种实力不断提高

一是科研育种体系健全。经过改革开放 30 多年的发展，海南省形成了相对技术力量雄厚的科研育种体系，包括中国热带农业科学院、海南省农业科学院、南繁研究院等。此外，随着种业市场经济的发展，众多海南本土种子企业应运而生，海南神农大丰种业科技股份有限公司、丰乐种业、海南农垦集团等大中型种子企业也投入大量资金自行选育新品种。由于海南省特殊的地理位置，一些知名的种业公司如隆平高科、登海种业等进驻海南南繁基地，投入大量资金进行品种选育，为海南现在农作物种业发展起到推波助澜作用。

二是种质资源基础扎实。种质资源是种子科技创新的基础，海南历来重视种质资源的征集与保存工作。目前，海南省拥有植物种质资源保藏单位有23家，收藏保存各类植物种质资源3万余份。同时，通过种质资源考察，抢救、挖掘了一批珍贵稀有种质资源。在资源创新上，虽然起步较晚，但近年来也取得不少成果。如中国热带农业科学院从2000年开始利用海南野生稻种质资源和地方香稻以及缅甸香稻进行了杂交，于2007年育成具有自主知识产权的首个热带优质籼型新品种——热香1号。

三是科技创新取得一定成果。特别是在热带作物果树、瓜菜育种上，海南取得了一定成果。自2000年以来，海南省审定通过普通稻品种75个、特种稻9个，不育系16个；认定通过了热带作物果树品种35个，瓜菜类品种22个。突出的品种，如橡胶树中的热研7-33-97、热研7-20-59、热研8-79、PR107等。

2. 良种供应保障能力逐步提升

2018年海南省种植粮食作物面积28.6万 hm^2，瓜菜面积29.0万 hm^2，热带果树面积17.0万 hm^2。全省农作物良种覆盖率达95%以上，主要农作物商品种子种苗供应率达93%以上，主要农作物种子质量合格率达97.5%以上。每年承担国家救灾备荒种子储备任务120万kg，救灾补贴和市场供种风险调控能力逐步提升，有效保障农业生产的供种安全。

3. 海南南繁基地已经成为新品种选育、推广中心

南繁经过60多年发展，南繁基地已经成为中国种子新品种选育、推广中心。每年冬春季节，全国有30多个省（直辖市、自治区）、700多个单位、7 000多名农业专家云集海南岛南部开展育种、加代工作。科研工作者利用海南得天独厚的气候资源和物种资源进行冬季加代繁殖和选育，使育种周期缩短1/3~1/2。60多年来，农业上大面积推广的杂交水稻和杂交玉米品种中，80%是通过南繁加代选育而成的。近年来，南繁育种基地稳步发展。

一是完成南繁科研育种保护区核定和上图入库。在三亚、陵水、乐东3个市县划定了南繁科研育种保护区26.8万亩，三亚市10万亩、乐东县8.8万亩，陵水县8万亩，保护区中含核心区5.3万亩，已全部纳入永久基本农田范围，予以重点保护，实行用途管制。

二是基本完成新建科研用地的流转并推进配套服务区建设。已流转科研育种土地 28 863.24亩，基本完成了农业农村部要求的新增南繁科研育种核心用地的土地流转任务。

三是南繁重点项目加快实施。南繁公共服务平台项目、生物育种专区建设前期准备项目、南繁水利项目（陵水片）第一期等项目已基本完成，分年度拨付资金项目（如供地农民定金补贴、制种大县奖励资金、南繁高标准农田等项目正在实施）。

四是南繁管理服务水平不断提升。出台《海南省农作物种子管理条例》，将“南繁建设管理”作为专章纳入；建立了省、市（县）、乡镇、村四级南繁管理服务体系，南繁重点乡镇专职人员、村委会联络员 350 多名；搭建南繁硅谷云信息平台，加强南繁单位信息化管理，扩大南繁育种的对外交流与合作。

4. 企业竞争力逐渐提高

目前，持海南省有效农作物种子经营证的企业有 38 家；注册资本 3 000 万元以上的海南种子企业有 7 家，包括育繁推一体化种子企业 1 家，上市公司 1 家;已具备了杂交水稻和鲜食糯玉米自主研发能力；能独立完成木薯全基因组关联分析及分子设计育种模型、香蕉分子育种、抗病转基因水稻新品种培育、“SPT” 技术等生物育种技术研究；完善建设了 9 家水稻集约化育秧场，每年示范带动约 3.0 万亩水稻田育秧插秧。

5. 种业监管调控能力逐步增强

种业监管调控能力逐步增强。海南省 18 个市（县）（除三沙外）均成立了种子管理机构及种子执法机构；具有获取农业农村部承认检验资质、具备常规种子检验和转基因成分检测能力的检测机构 3 家。海南省现代农业预警中心相关的设备设施人员等已基本到位，三亚市和临高县有 2 家市县级农作物种子质量监督检测分中心。

6. 农作物新品种引进、试验与审（认）定工作有序进行

过去 5 年海南省投资建设 7 家省级水稻品种试验区域站；引进 638 个水稻新品种、2 744个瓜菜新品种进行品种区域试验、生产试验的展示和丰产示范；审定通过普通稻品种 75 个、特种稻品种 9 个，不育系品种 16 个；认定通过了热带作物果树品种 35 个，瓜菜类品种 22 个；征集提交了 125 个水稻品种标准样品并入国家种质资源库；对所有新引进参加试验的水稻品种进行转基因成分检测。

二、海南省农作物种业发展面临的新形势

在全球化进程不断加快、生物技术迅猛发展、改革开放不断深入，以及同步推进工业化、城镇化和农业现代化的新形势下，海南省农作物种业发展与国内种业发展一样也正面临着新挑战和新要求。

1. 面临国外种业的新挑战

自20世纪90年代以来，跨国种业公司强势登陆中国种业，现已有35家进入国内市场，投资企业70余家。孟山都、杜邦先锋、先正达、利马格兰等跨国种业公司先后进入国内种子市场。跨国公司的进入在丰富中国品种资源、改进传统种植模式、引进先进管理理念等方面起到了积极作用，但也给国内种子企业发展带来了挑战。外资企业凭借雄厚的资本实力、强大的研发能力、先进的管理制度，已经稳定控制了中国高端蔬菜种子50%以上的市场份额，并开始向大田农作物扩张，呈现强劲的发展势头。此外，跨国公司利用技术上的先发优势已经在中国种业占据重要地位，严重挤压了国内种业的生存空间，给中国种业未来发展带来了严峻的挑战。近10年间，国外企业在中国审定玉米品种113个（次）。而中国种子企业在品种创新、种子生产、加工、销售及良种推广等方面与跨国公司存在较大差距，短时期内难以与跨国种子企业形成竞争。而发展相对缓慢的海南省种业面临的竞争压力更大。

2. 种业投入不足

尽管长期以来，国家、各省（区、市）和海南省政府对海南种业，特别是对南繁的育种均有投入，但由于投入不足、建设分散、重复建设等原因，导致海南种子产业基础脆弱，抵御自然灾害能力低，公共科研实验条件差。首先，国家对粮食补贴政策有粮食直补、良种补贴、农资价格综合补贴、农机购机补贴等惠农政策，促进了农民的种粮积极性，保证了国家的粮食安全。但海南作为保障国家用种安全的重要科研生产基地，却享受不到中央各项惠农政策的支持，这与海南在保障国家粮食安全的贡献和战略地位极不相称。其次，育种的科研生产成本大幅上涨。海南育种租地价格已从20世纪90年代初期7 000元/hm^2增加到目前近22 000元/hm^2；雇用临时工工资从50元/天上升到180元/天；过去海南种业有专用化肥补贴，现在化肥、农药、育种隔离物、包装袋等都要从当地市场购买，价格较高；加上收费项目的增多，水电费、治安费等开支越来越大，制约了海南种业科研生产活动的正常开展。

3. 面临周边地区的竞争压力

海南省在品种选育和品牌建立上，面临其他省份的竞争。海南省虽然拥有较好的自然条件，但海南省当前的科技创新能力，既无法满足海南省农业生产的需要，也不能适应现代种业发展需求。如生产上，全省水稻种植面积达 24.6 万 hm^2，大面积推广种植的杂交水稻品种 70~80 个，需要种子约 576 万 kg，其中 80%从广东、广西、福建等地区引进；冬季瓜菜品种不少于 400 个，95%的瓜菜品种、70%的果树品种及花卉均为引进品种。有突出品种才能创知名品牌，自主创新能力弱已经成为制约海南省种业又好又快发展的重要因素。

4. 面临新的发展机遇

一是国家政策导向为种业发展带来难得的发展机遇。现代种业发展已引起党中央、国务院高度重视，国务院出台了《加快推进现代农作物种业发展的意见》，明确了农作物种业是国家战略性、基础性核心产业，是保证国家粮食安全的根本，为中国现代种业制定了新的发展纲要。省委、省政府为深入贯彻落实国家种业发展意见，加快实现海南省种业新突破，制定了推进计划，出台了一系列高含金量政策予以扶持，为种业全面提升、快速发展创造了难得的机遇。

二是迫切需要海南省提升种业发展整体水平，为国家粮食安全提供有力支撑。习近平总书记 2018 年南繁考察重要讲话、2018 中央 12 号文件和《国家南繁科研育种基地（海南）建设规划（2015—2025 年）》提出要加快建设以国家南繁科研育种基地核心，以建成集科研、生产、销售、科技交流、成果转化等为一体的服务全国的“南繁硅谷”，逐步打造中国种业开放试验区。

三是抓住机遇，整合资源，全力打造海南种业龙头企业。在种业新政的巨大利好背景下，海南省要抓住机遇，严格市场准入，运用市场机制，支持和鼓励现有种子企业通过兼并重组和强强联合，优化资源配置。重点支持大型企业通过并购、参股等方式进入农作物种业，支持大型优势种子企业整合农作物种业资源，全力打造海南种业龙头企业，争取在 2025 年以前培育 2~4 家上市企业。

第二节 海南省种子科研机构实证

一、科研水平分析

选取海南省11家种子科研机构，既包括高校、科研院所，如海南大学、海南省农业科学院、中国热带农业科学院、南繁科学院等，也有企业性质的单位，如一些具有研发能力的种子公司科研部门。重点分析了种子科研机构的研发经费、技术自给水平和新产品研发周期这3个指标。从表7-1可以看出，海南省11家种子科研机构的研发经费平均为1 056万元，技术自给水平达到82%，新产品从构思到新产品生产需要花费的平均时间为5.1年。

表7-1 海南省种子科研机构的基本信息

统计指标	研发经费（万元）	技术自给水平（%）	新产品研发周期（年）
均值	1 056	82	5.1
标准差	1 035	9	4.3

数据来源：根据调查问卷整理

对海南省种子科研机构的研发经费、技术自给水平和新产品研发周期3个指标的相关性进行了分析。虽然3个指标的相关性并不显著，但是我们也可以从相关系数的正负情况看到3个指标之间所具有的某种程度的相关性。研发经费和技术自给水平的相关系数为0.18，说明技术自给水平和研发经费之间有某种程度的正相关。这是因为充足的研发经费能够为新技术、新产品的研发提供强有力的资金保障，成为种子科研机构进行原创性工作的必要条件，从而技术自给水平就相应比较高。但是，我们也应该看到技术自给水平和研发经费的相关性并不高，说明研发经费高就不能保证有较高的技术自给水平，技术自给水平还受到科研机构的性质、科研机构人员的科研能力、科研目的等其他因素的影响。

研发经费和新产品研发周期的相关系数为-0.041，呈现出负相关的关系。说明研发经费越高，新产品研发周期就越短。这是因为较高的研发经费为种子新品种的开发提供了充足的资金保障，能够及时地购买研发设备、工具、资料等必要用品，从而保证研发工作的进程，缩短研发周期。但是，我们也应该看到研发经费和新产品研发周期的相关性并不高，这说明研发经费高并不能完全保证新产品的研发周期就能够缩短。新产品的研发周期还与科研人员的科研能力、管理水平、研发机构的科研制度、新产品研发的难易程度等因素有关。

技术自给水平与新产品研发周期的相关系数为 0.452，说明技术自给水平与新产品的研发周期是正相关的关系，即技术自给水平越高，新产品研发周期就越长。这可能是因为在技术自给的情况下，新产品的研发就不可能借助新技术、新产品的引进，而要完全依靠本单位科研人员的创新，这就提高了研发的难度，从而就会延长新产品的研发周期。虽然技术自给水平与新产品研发周期的相关系数要高于另外两个相关系数，但是也不是很高。说明技术自给水平不是影响新产品研发周期的唯一因素。

二、科研体制分析

通过问卷调查统计，如表 7-2 所示，海南省种业科研机构认为当前面临的最大困难排在第一位的是“经费短缺”，86%的科研单位选择了此项；排在第二位的是“人才缺乏”，61%的科研单位选择了此项；“科研条件”和“政府支持”，53%的科研单位选择了这 2 项；“市场运作经验”，33%的科研单位选择了此项；另外，16%和 12%的科研单位选择了“体制不顺”和“市场准入”作为面临的最大困难；分别有 5%和 4%的科研单位选择“社会保障问题”和“思想观念”作为面临的最大困难；2%的单位选择“分配制度”。在科研单位选择的面临的最大困难当中，“经费短缺”“人才缺乏”“科研条件”和“政府支持”基本上都是发展困难的客观条件和表面问题。这说明科研单位的发展仍然受制于外界客观条件，而且科研单位自身也将外界的支持作为发展的依靠。这与中国种业科研单位的事业体制有关，长期以来依靠国家财政拨款，但是科研单位认为财政拨款不足以支撑自身的科研发展需要。于是就有少部分科研单位选择了“市场运作经验”“体制不顺”“市场准入”“社会保障问题”“思想观念”“分配制度”作为面临的最大困难，希望通过转变思想观念，进入市场，完善体制机制，实现自我积累和良性发展。

对于科研单位的改制方向，如表 7-2 所示，近 60%的单位认为是“改制为非营利性机构”，43%的科研单位选择“改制为内部管理体制”，3%的科研单位选择“改制为科技型企业”，没有科研单位选择“改制为中介机构”和“与其他院所合并”。被调查的科研单位选择的改制方向基本上与其选择的面临的最大困难一致。大多数科研单位选择“改制为非营利性机构”和

“改制为内部管理体制”，都还是维持现状，保持科研单位事业单位的性质，依靠国家的财政拨款维持生存和发展。只有少数科研单位选择进入市场，成为企业。这与科研单位选择面临的最大困难时也是少数单位选择“市场运作经验”“体制不顺”“市场准入”“社会保障问题”“思想观念”等一致。这说明科研单位在改制问题上，还是倾向于维持现有的基本性质不变，对市场化改革还没有明显的倾向，传统计划经济的体制及事业单位属性的依赖对科研院所产生了积重难返的不良影响，急需进行市场化的体制改革。

表 7-2　种业科研单位体制调查

贵单位面临的最大困难	选择比例（%）	贵单位改革意向	选择比例（%）
经费短缺	86	改制为非营利性机构	60
人才缺乏	61	改制为内部管理体制	43
科研条件	53	改制为科技型企业	3
政府支持	53	改制为中介机构	0
市场运作经验	33	与其他院所合并	0
体制不顺	16	其他	3
市场准入	12		
社会保障问题	5		
思想观念	4		
分配制度	2		

第三节　海南省种子企业实证分析

采取实地走访和问卷调查的方式对海南省 18 个市（县）内种子企业进行了问卷调查，共发放问卷 38 份（企业名单见表 7-3），收回 33 份，剔除漏答关键信息及出现错误的问卷，回收有效问卷 31 份，回收比例为 81.58%。

一、海南省种子企业发展的基本情况

1. 企业规模

如表 7-3 所示，38 家种子企业中，注册资金规模大于 3 000万元的企业仅 7 家，注册资金规模在 1 000万~3 000万元的企业仅 6 家；注册资金规模在 500 万~1 000万元的企业 2 家；大多数企业注册资金在 500 万元以下，注册资金规模在 500 万元以下的企业 23 家，占企业总量的 60. 53%，其中民营企业占 85%以上，“繁育一体化”企业仅 1 家（图 7-1）。可见海南省种子企业规模偏小，海南种子市场准入门槛偏低。

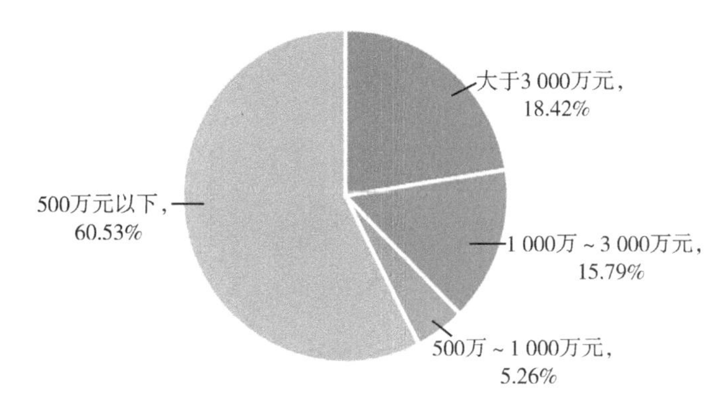

图 7-1 企业注册资金规模

表 7-3 海南省注册企业名单

序号	证书编号	企业名称	统一社会信用代码	管辖区域	生产经营范围
1	D（琼东）农种许字（2019）第 0001 号	东方东鑫农业科技开发有限公司	914690075787227476	海南省东方市	蔬菜、西瓜苗、圣女果苗、香蕉苗
2	D（琼海美）农种许字（2017）第 0001 号	海口伯洪农业科技有限公司	914601005679770313	海南省海口市美兰区	蔬菜，花卉，鲜食、爆裂玉米，其他：水果，甜瓜
3	D（琼屯）农种许字（2019）第 0002 号	海南屯昌汇丰休闲农业有限公司农科所	91469026557394211L	海南省屯昌县	百香果
4	A（琼）农种许字（2017）第 0001 号	海南神农科技股份有限公司	91460000721271695E	海南省	稻
5	D（琼儋）农种许字（2019）第 0001 号	海南热作两院种业科技有限责任公司	91469003708827038M	海南省儋州市	香蕉组培苗、构树组培苗、槟榔、椰子、牛油果、黄皮等热带水果种苗

（续表）

序号	证书编号	企业名称	统一社会信用代码	管辖区域	生产经营范围
6	D（琼海琼）农种许字（2019）第0002号	海南琼研瓜菜良种开发有限公司	91460000293942594R	海南省海口市琼山区	蔬菜、种子
7	B（琼）农种许字（2017）第0002号	海南海亚南繁种业有限公司	91460200713827518J	海南省	稻，玉米
8	D（琼三）农种许字（2019）第0001号	海南自贸区海香生物科技有限公司	91460200MA5T5U1LXL	海南省三亚市	百香果（种苗）
9	BC（琼）农种许字（2016）第0002号	海南天道种业有限公司	91460000693169473R	海南省	稻、其他主要农作物种子
10	D（琼海琼）农种许字（2019）第0001号	海南坤捷农业开发有限公司	914600007088677420	海南省海口市琼山区	花卉、蔬菜、果树等
11	D（琼海美）农种许字（2019）第0001号	海南祥裕丰种业有限公司	91460000MA5T7UR12T	海南省海口市美兰区	蔬菜、辣椒、香瓜、丝瓜、苦瓜、南瓜、西瓜、黄瓜、豆角、西兰花
12	D（琼海美）农种许字（2018）第0003号	海南菠萝企业管理有限公司	91460100MA5T41W27E	海南省海口市美兰区	其他：菠萝，蜜瓜，百香果，火龙果
13	D（琼海美）农种许字（2018）第0004号	海南梦亚农业科技投资有限公司	91460100MA5T4N613U	海南省海口市美兰区	百香果
14	D（琼海琼）农种许字（2018）第0001号	海南富友种苗有限公司	91460000798741261P	海南省海口市琼山区	西瓜、甜瓜、南瓜、茄子、黄瓜、豇豆、四季豆、叶菜、砧木等种子
15	BCD（琼）农种许字（2018）第0001号	海南南繁种子基地有限公司	91460000284040513W	海南省	稻、豇豆
16	D（琼海美）农种许字（2017）第0003号	海南昊丰实业有限公司	914601006872658051	海南省海口市美兰区	其他：辣椒、甜瓜、南瓜、冬瓜、豆角等

（续表）

序号	证书编号	企业名称	统一社会信用代码	管辖区域	生产经营范围
17	D（琼海龙）农种许字（2018）第0001号	海南椿强种业有限公司	91460100681198285C	海南省海口市龙华区	鲜食、爆裂玉米
18	D（琼海美）农种许字（2018）第0002号	海南林忠民菜种行有限公司	91460000665117377H	海南省海口市美兰区	蔬菜
19	D（琼三吉）农种许字（2018）第0001号	三亚腾农科技发展有限公司	91460200MA5RC1U50N	海南省三亚市吉阳区	瓜菜
20	D（琼三）农种许字（2018）第0001号	三亚市热带农业科学研究院	12460200069674126P	海南省三亚市	蔬菜、百香果、火龙果（种苗）
21	D（琼陵）农种许字（2018）第0002号	陵水光坡佳友果蔬种苗农民专业合作社	93469034MA5RGU3840	海南省陵水黎族自治县	番茄
22	D（琼陵）农种许字（2018）第0003号	陵水绿苑果蔬农民专业合作社	9346903439679052XJ	海南省陵水黎族自治县	番茄
23	D（琼东）农种许字（2018）第0001号	东方群桂种苗培育专业合作社	934699007MA5RCDPN98	海南省东方市	圣女果、西瓜、茄子
24	D（琼三市）农种许字（2018）第0001号	海南锦田种业有限公司	91460200324105394x	海南省三亚市育才区	蔬菜、花卉、哈密瓜、甜瓜、西瓜
25	B（琼）农种许字（2017）第0003号	海南绿川种苗有限公司	91460000721213161J	海南省	玉米
26	D（琼海美）农种许字（2017）第0007号	海南万钟实业有限公司	91460000620308196J	海南省海口市美兰区	花卉、香蕉、菠萝、构树、花卉、一级组培苗、二级假植苗
27	D（琼海龙）农种许字（2017）第0003号	海南晨峰种业有限公司	91460100681174531F	海南省海口市龙华区	番茄、辣椒、茄子、黄瓜、苦瓜、西葫芦、西瓜、甜瓜、萝卜、南瓜、叶菜类品种

（续表）

序号	证书编号	企业名称	统一社会信用代码	管辖区域	生产经营范围
28	D（琼海龙）农种许字（2017）第0004号	海南江宝种业有限公司	91460100MA5RJG913B	海南省海口市龙华区	辣椒、苦瓜、冬瓜、南瓜、青瓜、丝瓜、茄子、豆类、白菜等
29	D（琼儋）农种许字（2017）第0001号	海南热农橡胶科技服务中心	91469003721264698G	海南省儋州市	橡胶
30	D（琼海美）农种许字（2017）第0006号	海南富常来农业开发有限公司	91460100798719638Q	海南省海口市美兰区	南瓜、辣椒、玉米、叶菜类
31	D（琼海龙）农种许字（2017）第0002号	海南绿禾丰种子种苗有限公司	91460000730044953A	海南省海口市龙华区	白菜、丝瓜、南瓜、青瓜、萝卜、豆角、菜瓜、苦瓜、冬瓜
32	D（琼海美）农种许字（2017）第0004号	海南菜满堂种苗有限公司	914601003959709000	海南省海口市美兰区	蔬菜、花卉、种子种苗
33	D（琼海龙）农种许字（2017）第0001号	海南金茂农业开发有限公司	914600006811868000	海南省海口市龙华区	辣椒、西瓜、南瓜、番茄
34	BCD（琼）农种许字（2016）第0001号	海南广陵高科实业有限公司	91469034760366363W	海南省	稻、玉米
35	D（琼海秀）农种许字（2016）第0001号	海口永丰华生种子有限公司	91460100MA5RD2LW2N	海南省海口市秀英区	蔬菜
36	D（琼三天）农种许字（2020）第0001号	海南智道科技有限公司	91469033MA5TGJ4QXW	海南省三亚市天涯区	蔬菜、花卉、西瓜、甜瓜
37	D（琼海美）农种许字（2020）第0002号	海南天汇现代农业发展有限公司	91460100MA5RD0JU8E	海南省海口市美兰区	百香果（种苗）
38	D（琼海美）农种许字（2020）第0001号	海南农龙农业开发有限公司	9146000730052515Y	海南省海口市美兰区	蔬菜、花卉、果树种苗

回收问卷调查的31家企业中，只有9.68%的企业未来有规划上市的打算，而其他的企业目前没有规划上市的准备，说明企业的上市意愿不强。

从31家种子企业的抽样调查来看，企业年均销售收入不高，种子企业销售收入并不乐观，大部分企业年销售额在200万元以下，净利润部分企业还处于亏损状态。通过与企业座谈还发现，大多数种子企业都处于维持状态，没有呈现扩张、快速发展的势头。在日益竞争激烈的竞争环境下，如果长期处于这种停滞状态，将面临严峻的挑战。

在企业销售分段统计中，选取填写问卷数据比较全的2018年进行统计，31家企业年销售收入构成中，销售收入在100万~500万元的企业最多，占到71%；销售收入500万元以上的企业，占比16.1%；100万元以下的占比12.9%。可见海南省种子企业销售规模呈现两头小、中间大的形态。说明还急需培育大型种子企业，促进众多规模在100万~500万元以及产业雷同的中小种子企业兼并重组，做大做强。

从2018年统计数据来看（表7-4），海南省种子企业与其他省份种子企业相比，企业在总资产、销售收入、利润方面差距较大，与中国排在前四位的4家上市公司相比，差距更大。从总资产来看，省外上市种子企业资产规模最大的乐丰种业高达153.64亿元，资产规模最小的敦煌种业也有21.25亿元，省外4家公司2018年度总资产平均值为58.98亿元。而省内种子企业资产规模最大的神农科技种业总资产为14.98亿元。销售收入方面，省外上市种子企业远高于省内种子企业。省外这4家种子企业的平均年销售收入为17.59亿元，而省内较大规模的4家企业年销售收入平均仅为0.82亿元。省外4家上市企业的年平均净利润为1.65亿元，省内规模较大的4家种子企业的平均净利润为负值。这说明省外种子企业的投入产出比更高，经营效率更明显。

表7-4　省外上市种子公司资产情况　　(单位：亿元)

指标	企业名称				平均值
	乐丰种业	隆平高科	登海种业	敦煌种业	
总资产	153.64	37.58	23.43	21.25	58.98
销售收入	35.80	7.61	19.27	7.67	17.59
净利润	7.91	0.33	0.53	-2.18	1.65

从不同年份来看，全国前列的隆平高科、乐丰种业、登海种业以及敦煌

种业2015—2019年的年均销售收入分别为28.45亿元、16.22亿元、11.04亿元、8.78亿元（表7-5）。调查问卷显示，海南省排第一位的神农科技有限公司2015—2019年的年均销售收入仅为4.45亿元，其他前十强的种业公司2015—2019年的年均销售收入都在2 000万元以下。说明海南省种业规模较小，资源还有待进一步整合，竞争力亟待提升。

表7-5　省外上市种子公司年销售收入比较

（单位：亿元）

企业名称	2015年	2016年	2017年	2018年	2019年	平均值
隆平高科	20.26	22.99	31.90	35.80	31.30	28.45
乐丰种业	11.13	12.18	14.47	19.27	24.04	16.22
登海种业	15.31	16.02	8.04	7.61	8.23	11.04
敦煌种业	13.04	6.55	4.85	7.67	11.84	8.79

2. 企业人才情况

从学历上看，海南省种子企业大专以上学历人数所占比例逐年上升，调查的企业中，2018年大专学历以上人数所占比例已达到41.3%，相比2015年占比有所提高。可见海南省种子企业人才素质不断提高，企业人员的学历结构不断优化。但是同省外上市种子企业相比，海南省种子企业的大专学历人数比重仍然较低。省内前五强种子企业的大专学历员工比重平均为54.8%，而省外上市种子企业大专学历人员比重平均为91.1%。这说明海南省种子企业的员工学历仍然没有竞争力，还需继续加强。

3. 企业融资情况

对企业融资方式的调查中，70.97%的企业选择“通过担保机构贷款”，其次是“申请政府资助”（19.35%）和“转让部分股权或产权融资”（12.90%）。这说明海南省大多数种子企业还是通过向银行贷款获得资金，融资方式较为单一，也不利于企业的发展壮大。在企业融资困难原因的调查中，70.00%的企业认为“贷款手续太烦琐”是融资困难最大的原因，其次是“抵押品要求过高”（61.29%）、“贷款利率和其他成本太高”（51.61%）、“信用审查过严”（45.16%）、“融资渠道太狭窄”（38.71%）（表7-6）。与企业的融资渠道相对应，企业的融资困难也主要集中在贷款融资这种方式中。

表 7-6 种子企业融资情况的调查

融资方式	个数 X=31	占比 (%)	融资困难的原因	个数 X=31	占比 (%)
通过担保机构贷款	22	70.97	贷款手续太烦琐	21	70.00
转让股权或产权融资	4	12.90	抵押品要求过高	19	61.29
申请政府资助	6	19.35	贷款利率或其他成本过高	16	51.61
引入战略投资或风险投资	0	0	融资渠道狭窄	12	38.71
公开发行股票或债券	1	3.23	信用审查过严	14	45.16

二、企业竞争优劣势和发展环境分析

通过对企业选择的自身发展优势和劣势分析，种子企业认为其主要的竞争优势是“品种”，80.65%的企业选择了此项；其次就是产品“质量”，74.19%的企业选择了此项；然后是产品的“营销”，58.06%的企业选择了此项；排在最后的是产品的“价格”，35.48%的企业选择了此项。这说明海南省种子企业对本企业生产种子的品种和质量还是很有信心的，企业将产品品种和质量作为企业生存发展的根本保障。与主要竞争优势相对应，海南省种子企业认为自身的主要竞争劣势分别为“营销”（67.74%）、“价格”（61.29%）、“品种”（35.48%）、“信用审查过严”（19.35%）（表 7-7）。

表 7-7 种子企业竞争优劣势分析

主要竞争优势	个数 X=31	占比 (%)	主要竞争劣势	个数 X=31	占比 (%)
质量	23	74.19	营销	21	67.74
品种	25	80.65	价格	19	61.29
营销	18	58.06	品种	11	35.48
价格	11	35.48	信用审查过严	6	19.35

种子企业的内部困难排在前三位的依次为“规模较小”“资金短缺”“科技创新难度大”，分别有 61.29%、67.74%和 58.06%的企业选择。另外，“生产研发基地小”“缺乏优秀人才与出色团队”“市场开拓困难”也是阻碍种子企业发展的内部困难之一，分别有 41.94%、51.61%和 38.71%的企业选择。这说明除了企业规模这个长期积累的因素外，资金短缺成为企业发展

急需破解的难题。

种子企业发展的外部障碍排在前三位的依次为“政策法规的透明度和执行落实”“融资环境与融资渠道”“政府管理水平和服务意识”，分别有64.52%、58.06%和51.6%的企业选择。另外，“场地租赁、土地购买及建设”“人力资源供应”“知识产权”也是阻碍种子企业发展的外部因素，分别有41.94%、38.71%和35.48%的企业选择（表7-8），说明当前海南省种子企业发展对政府的依赖性还是很强的，希望政府的扶持政策能够得到落实。

表7-8　海南省种子企业发展环境分析

内部困难	个数 $X=31$	占比（%）	外部障碍	个数 $X=31$	占比（%）
规模较小	19	61.29	政策法规的透明度和执行落实	20	64.52
资金短缺	21	67.74	场地租赁、土地购买及建设	13	41.94
科技创新难度大	18	58.06	融资环境与融资渠道	18	58.06
生产研发基地较小	13	41.94	政府管理水平与服务意识	16	51.61
缺乏优秀人才与出色团队	16	51.61	人力资源供应	12	38.71
市场开拓困难	12	38.71	知识产权	11	35.48

三、企业面临的风险因素分析及期望

企业所选择的目前面临的最大风险主要是“市场风险”（80.65%）、“经营风险”（54.84%）、“政策风险”（35.48%）、“财务风险”（22.58%）。这说明种子企业都已融入市场，但对于市场的变化还缺乏有效的应对措施，抵御风险的能力还比较薄弱。种子企业希望获得的政策支持分别为“种子基地建设”“科研项目”“税收、信贷优惠等”，分别有80.65%、74.19%和61.29%的企业选择，有19.35%的企业选择其他（表7-9）。

表7-9　种子企业面临的风险因素分析及希望的政策支持统计

面临主要风险	个数 $X=31$	占比（%）	希望获得的政策支持	个数 $X=31$	占比（%）
市场风险	25	80.65	种子基地建设	25	80.65
经营风险	17	54.84	科研项目	23	74.19
政策风险	11	35.48	税收、信贷优惠等	19	61.29
财务风险	7	22.58	其他	6	19.35

第四节　海南省农户种子使用行为分析

此次调查覆盖全省18个市县。共发放调查问卷300份，收回261份。经认真审核分析后，确认有效问卷232份，有效问卷回收率为77.3%。调查内容包括家庭基本情况、种植农作物基本情况、农民用种相关的问题。其中，农民用种相关的问题可分为种子的购买、种子的质量、农民对种子企业的满意程度、种子市场监管及其他等方面。

一、被调查农户的基本情况

调查的232户家庭中，从生产经营规模角度来看，79.3%是一般农户，20.7%为专业大户。家庭人口共计1 056人，其中从事农业种植劳动力585人，占家庭总人口的55.4%。从性别构成看农业劳动力，男性占54.3%，女性占45.7%。从年龄结构来看，50~60岁占63.5%。在调查的家庭农业劳动力中，65.3%的为小学及初中文化水平，25.2%为高中及以上文化水平，11.5%为文盲或半文盲。

从调查的结果来看，随着农业综合生产力的不断提高，城镇化进程的加快，农村剩余劳动力逐渐转移出农村，有接近1/4的农民在城市务工，有接近四成的家庭收入来源于非种植农作物收入。农村劳动力素质明显提高，文盲或半文盲现象基本在年龄较大者中，具有高中及以上文化程度的比重有所增加，这为培养一批“有文化、懂技术、会经营”的新型农民打下了基础。同时，我们也应该清醒地认识到农村劳动力结构发生了重大变化，妇女、老人、儿童比例的提高对保障种业生产提出了挑战。在调查的农户之中，76%的认为农作物增产最重要的原因是种子，其次为气候条件和肥料作用，分别有15.5%和10.5%的农户选择。虽然绝大多数农户认为农作物的增产最重要的原因是种子，但是目前海南省种子在农业科技进步贡献率水平却较低。这说明农户对高产、优质良种的需求较大。因此，可采取轻便、简单的栽培技术，在合理、适度使用农药、化肥的基础上，重点突出良种在农业科技进步率当中的贡献，对提高农作物单产具有重要意义。

二、农民用种情况分析

1. 种子购买

农作物种子购买渠道方面，71.2%的农户选择了从种子经销商手中购买，30.3%的农户选择从农技站购买，11.6%的农户选择直接从种子公司购买，6.8%的农户自留种子。这说明大多数农户通过销售网点购买种子，而这种分散的销售网点造成了种子质量和价格监管成本较高，也为农民维权带来了困难。

在选择种子品牌的依据方面，72.6%的农户是根据农技人员、经销商店主的推荐来选择，28.3%的农户是根据个人经验选择，12%的农户是听从亲戚朋友的介绍。这说明农户对种子品牌还没有建立一定的忠诚度，对农技人员和经销商较为相信，这也为不法经销商销售劣质种子提供了空间。

据调查，农户认为影响种子公司农作物种子满意程度的因素中最重要的是种子质量，占比84.7%；其次是种子价格，占比55.6%；排在第三位的是售后服务，占比43.2%；另外，农户还会考虑公司的实力、信誉等方面。

农户每年用于购买种子花费的支出在500~1 000元的最多，占40.8%；其次是1 000~5 000元的占28.4%；500元以下的占25.8%；5 000元以上的很少，只有5.00%（图7-2）。

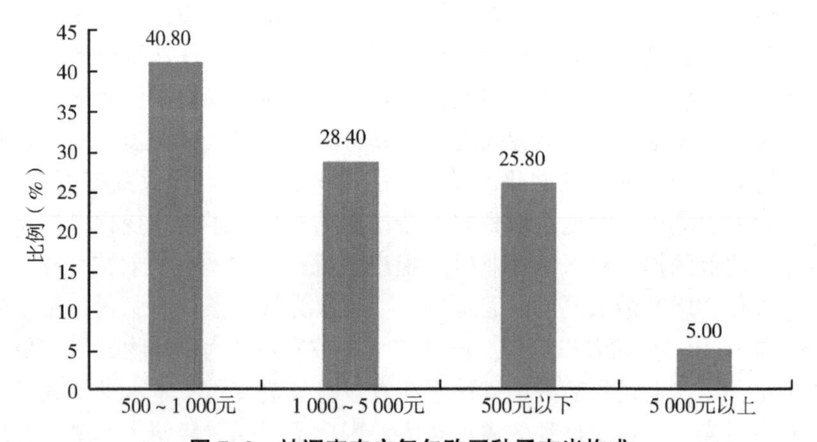

图7-2　被调查农户每年购买种子支出构成

注：数额上限不在内。

对于种子价格的感受，67.2%的农民认为目前农作物种子价格偏高，只能勉强接受；还有25%的农户认为价格太高，不能接受；只有7.8%的农户认为种子价格合理，能够接受。这说明绝大多数的农户对当前的种子价格都不认同，农户普遍认为市场上农作物种子价格偏高，加重了农民负担。种子市场价格的偏高与近年来自然灾害频发，以及种子生产基地不稳定、人工费用的迅速上涨造成生产成本提高有关，也与种子从生产、加工再到营销整个过程中各个环节、层层不合理获利有关。

2. 种子质量

在农户看重的农作物品种特性方面，有75.3%的农户选择“产量高”，16.1%的农户选择“品质优”，5.1%的农户选择“抗性强”，4.2%的农户选择“适应性广”，只有0.8%的农户选择“生育期短”。

在市场上购买的农作物种子的种植效果方面，43%农户认为比说明书所描述的效果稍差，36.4%的农户认为能够达到说明书上所描述的效果，有18.2%的农户认为没有达到说明书描述的效果。

种子质量是保证农作物产量的“生命线”。提高单产是保证粮食丰收、增加农民收入的有途径之一；培育农作物的优良品质、性状也是满足市场个性消费需求、发展特色农业的重要手段；提高种子的抗病、抗虫能力，是积极应对复杂多变的自然、气候条件的重要措施，一旦农作物大面积发生病虫灾害，将会发生农作物减产、价格波动以及农业安全等连锁反应。但是从我们调查的结果来看，农户对种子质量的满意程度还是比较低。

3. 满意程度

78.3%的农户认为所购买的种子包装标识规范（载明种子类别、品种名称、产地、质量指标、数量、适用范围、生产日期等），还有19.9%的农户没有注意，只有极少数的农户认为不规范。

虽然大部分（74.8%）的农民对种子企业的售后服务、技术指导满意，但仍有21%的农户不满意。农户对农作物种子满意度的高低是种子企业生产、营销战略的重要决策依据。

种子企业生产的种子最终是要面向农户，保证质量，降低价格是占领种子市场的重要手段。随着大型外资种业公司的进入，种子企业加强售后服务与技术指导将日趋重要。

三、市场监管情况

根据调查结果，农户对种子监管机构工作最满意的是“种子质量管理”，有43.5%的农户选择此项；其次是“品种管理”，有33%的农户选择此项；而对“经销商的管理”“种子信息服务”“种子使用指导”等方面的满意程度较低，只有不到10%的农户选择。整体来看，农户对市场监管方面并不是很满意，尤其是在经销商的管理、种子信息服务和种子使用指导等方面还做得不够，需要进一步加强。

农户最希望政府部门提供的种子相关服务是“推荐农作物品种”，53.3%的农户选择此项；其次是“加强种子使用指导”，50%的农户选择此项；还有42.1%的农户希望“政府部门发布市场检查结果”等相关服务。这说明农户对政府部门提供服务的期望值较高。

当由于种子质量问题导致农民利益受损时，选择到农业管理部门反映的农户有91.6%，选择直接与经销商交涉的农民有69.8%，有27.9%的农民也会选择到消费者协会、工商部门投诉。

从农民的角度看，当前种子市场存在的主要问题，认为是“品种多、乱、杂”的有88.1%，认为“种子经营主体经营行为混乱”的有41.3%，认为“广告宣传内容不实、种子标签标注不实”的有26.3%，另外还有14.7%的农户认为是“种子质量差”，12.7%的农户选择“套牌经营”，5.9%的农户认为“种子经销商诚信度差”。

由此可见，当前种子市场的品种多、杂已成为市场乱象的主要问题，对农民选择种子造成了障碍，需要政府部门加强监管。自《种子法》实施以来，种子生产经营实行了资质准入制度，传统计划经济时期的统一供种的格局被打破，随后的“政企分开”使得各地种子公司如雨后春笋般拔地而起。种子行业进入了大生产、大市场、大流通的新时期。但种子经营的市场化并没有取得预期的效果，种子市场的过度、不合理竞争，造成了种子企业的“多、小、散、乱”，再加上种子管理职能的弱化、种子检测技术落后，以及相关法律法规滞后于种业发展的新形势，由此带来了种业经营行为的混乱，套牌现象严重，品种多、乱、杂，同质性强、突破性弱，制造和销售假劣种子问题突出。

四、农户对新品种接受情况

农民对农作物新品种试种的态度方面，有56.3%的农户为选择进行少量的试种，30.1%的愿意试种，还有10.7%的会持观望态度，仅有2.9%的农户保守，不愿意试种（图7-3）。

大部分农户对与种子有关的补贴政策比较了解，补贴标准有的是分农作物品种按亩补贴，也有的是按购买农作物种子数量进行补贴。然而，与种子相关的保险赔偿标准很低，补贴的品种涉及范围小。实施农作物良种补贴，

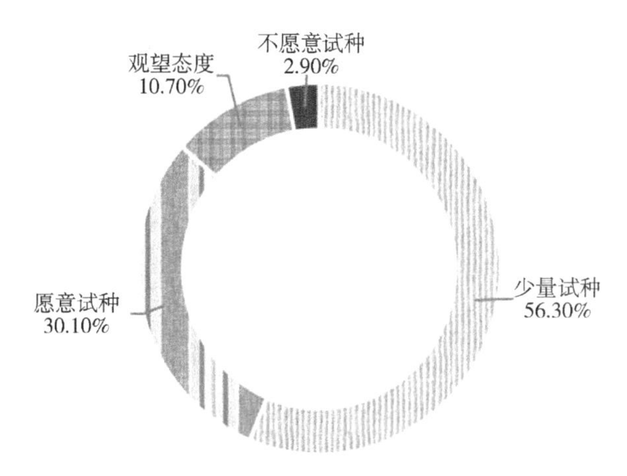

图 7-3　农民对新品种试种态度统计

是中央和省委、省政府采取的一项重要强农惠农政策，提高了农民使用良种生产的积极性，也保证了农作物产量的稳步提高。种业是一个高风险、低回报的行业，要承受自然气候风险、生产周期风险以及市场风险等。这些风险都不是单个的农户或种子公司能抵御的，需要政府出台与此相关的政策性保险，分散风险并保障制种企业和农户利益。

通过以上分析发现，种业发展要与农村家庭新形势和农作物种植新情况紧密结合；要满足农民生产需要，以市场化为导向；完善种子企业售后服务、农资和技术配套服务，提高农民用种满意度；规范种业市场秩序，维护农民用种合法权益。

第五节　制约海南省农作物种业发展的因素分析

通过问卷分析及实地访谈，总结出制约海南省农作物种业发展的三大因素，以此为突破口，对全国农作物种业发展中存在的共性问题进行探讨。

一、科技创新能力不强

每年海南大面积推广种植的杂交水稻品种 70~80 个，其中 80%从广东、广西、福建等地区引进；冬季瓜菜品种不少于 400 个，95%的瓜菜品种、70%的果树品种及花卉均为引进品种。有突出品种，才能创知名品牌，自主创新能力弱是制约海南省种业又好又快发展的重要因素。

一是科研体制导致技术创新动力不足。目前的农业科研体制导致科研“市场化”的程度远远不够，科研院所有固定的财政拨款和项目来源，创新动力不足，国家的优质资源大部分倾向于科研院所，导致中国绝大部分的种子企业没有品种研发能力，许多中小企业所经营品种完全依靠购买新品种，以至于形成了“育种不如买种、搞科研的不如搞经营的”怪现象。调查中，绝大多数在海南育种的南繁单位以及海南本地育制种企业的科研投入占销售额比重甚至低于1%的死亡线，其中用于自主创新的更少。

二是科研成果适用性不强。科研机构的科研成果与实际脱节现象比较严重。目前，种业产学研合作多以一项课题和项目为纽带，结成短期、非持续性的合作团体。耗费大量科研经费形成的科研成果，最后仅以学术文章呈现，大多数科研成果对于基层种子生产者而言没有实际意义。比如，调研中基层制种企业和农户反映，近年来在轻简化栽培技术上没有显著突破，种子生产最大的劳动强度在插、割、碾等环节，急需在这些关键环节研发机械化设备，而目前科研力量主要集中在品种方面，基础设备研发比较薄弱。除此之外，调查显示，海南南繁单位品种研发强调单产的提高，没有针对不同地区尤其是海南的气候特点，研发能够抗低温、高温、病虫害的优良品种，科研的需求与供给不一致，南繁成果大多数并没有在海南形成转化，导致科研成果效率低下。

三是专业研发及技术人才短缺。目前海南省仅海南省农业科学院、中国热带农业科学院、海南大学3所科研院所，市（县）种业科研单位除三亚市南繁科学技术研究院外基本空白，企业大专以上学历更少，企业将重心放在种子的销售上，导致海南农作物种业进展缓慢。

二、供种保障能力不强

海南省农作物的种子市场缺口很大。目前，海南省水稻种植面积达24.6万hm^2,大面积推广种植的杂交水稻品种70～80个，需要种子约576万kg,其中80%是从广东、广西、福建等地区引进；冬季瓜菜品种不少于400个，95%的瓜菜品种、70%的果树品种及花卉均为引进品种。全省种子生产只占用种量的20%左右。

当前种子企业保障种子生产的能力主要受3个方面因素的制约。

一是劳动力成本上升导致农民制种积极性不高。目前农村劳动力成本增长快，在海南省的农户调查中发现，在本地打工收入100～150元/天，1个月工作 20 天，1 个月收入 2 000～3 000元。而以杂交水稻制种为例，产量 1 000kg/亩，按 3 元/kg 计算，1 亩田制种收入 3 000元左右，除去农药等中间成本，净利润 800 元（还不算劳力成本）。制种收益显然不如打工收益，与轻简化栽种、劳动强度低的常规稻种植相比，经济效益也不明显。据调查，农村 95%的父母不愿意子女种地。同时制种风险大，利润低，因此农民制种积极性不高。

二是土地流转困难导致生产基地难以稳定。调查显示，种子生产基地问题突出表现在以下 3 个方面。①海南省土地相对分散，种子生产基地大部分为租赁的土地，除了南繁基地租赁一般 5 年以上外，其他一般一年签一次合约，处于打游击的状态，给种子生产和管理带来诸多不便。②制种基地生产秩序混乱，许多企业落实基地时，采取拉拢贿赂乡村干部、故意抬高价格、对农民乱许愿、随意放宽生产标准、不划或少划隔离区等各种不正当竞争手段。有的企业在种子收购季节，特别是在市场行情较为看好的情况下，以抬高种子收购价格为手段，以高价利诱群众，从而套购、抢购他人合同约定的生产基地的种子。③基地农民质量意识差、科技素质低，在种子生产的各个关键环节上，往往不愿接受技术人员的指导，有的甚至擅自更改制种技术措施。

三是水利基础设施薄弱导致种业规模效益难以提升。为种子生产提供有利条件，必须加强基地农田水利等配套设施建设。而通过调研发现，海南省温度较高，但水利条件跟不上，制种风险较高，因此，企业只有冬季在海南制种。

三、企业核心竞争能力不强

海南省种子企业数量少，企业规模小、研发能力弱，育种资源和人才不足，竞争力不强。从注册资本来看，调查的 38 家种子企业中，大多数企业注册资金在 500 万元以下，注册资本在 3 000万元以上的本省企业 7 家；从经营规模来看，目前只有 16%的企业利润超过 500 万元。另外，海南省种业育、繁、推、销脱节的现象仍十分严重，多数种子企业没有自己的品种、品牌，也不组织种子生产，只是营销式的公司，品种推广、种子营销受制于人。缺乏龙头种子企业，产业化程度不高，这使海南省种业面对具备雄厚技术、资金和经营优势的国内外种子企业时，竞争乏力。

1. 企业规模偏小

当前中国的种子企业普遍“小、散、弱”，很难和跨国种业巨头抗衡。

相关资料显示，中国拥有5 000多家种子企业，却没有一家市场份额达到市场总量的5%，前20强的销售额加起来都不如美国孟山都公司。海南省种子企业规模更是偏小，大多数企业注册资金在500万元以下，海南省种子企业的总资产、销售收入、利润、毛利润率都远低于省外上市公司。因此导致企业上市意愿不强，在调查中只有9.68%的企业有上市意愿。在对企业内部困难的问卷调查中，绝大多数种子企业认为“规模较小”是制约企业发展内部主要因素之一。

2. 企业资金短缺

民营企业大部分都存在资金短缺的困难，而种子企业贷款尤为难。由于历史原因，种子企业在银行系统诚信度差，种子企业贷款难。在种子的收购期，企业流动资金缺乏，企业往往积压几百万，甚至几千万的流动资金，不利于企业发展。企业只好到民间借贷，无形中增加了更多成本。很多企业资金链一旦断了，也就从此垮掉了。在问卷调查中针对企业的内部困难，绝大多数种子企业认为“资金短缺”是制约企业发展的最主要因素。

3. 企业承担的市场风险过大

当前种子企业承担的市场风险主要表现在以下方面。①生产风险。种子生产直接受到气候等自然因素的影响，产量和质量都难以像工业生产那样能有效控制。②经营风险。种子生产经营主体小而多，无序竞争，难以管理；同质化品种多，行业利润偏低，风险极大。③质量风险。种子出现质量事故一般按减产损失理赔，其损失一般是售出种子价格的几十倍。④其他风险。在农业生产中，不仅是因种子质量问题，甚至连气候、水、肥、栽培技术等因素造成的减产，往往也被农民或当地干部当成种子质量问题要求索赔。由于种业风险大，经济效益不高，目前种子保险赔付金额较低，一旦出问题，主要的赔偿压力落在企业身上，企业不堪重负。

4. 种业发展环境不佳

目前种子企业“盗窃式育种、押宝式生产、掠夺式经营”现象比较普遍，种业发展环境不佳。根据农户调查问卷统计，目前农户购买农作物种子的主要渠道是种子经销商，占到70%以上，渠道比较单一，垄断性较强；被调查农户认为当前种子市场存在的主要问题是“品种多、乱、杂”，难以选择。

四、其他原因

（1）种子管理还存在机构不顺、职能不明、经费匮乏等问题，以及没有建立起健全的种子质量检验体系、品种区域试验体系和信息服务体系，没有为种业发展创造完全公平、有序的竞争环境。

（2）种子安全保障措施不强。海南省地处中国最南端，台风、暴雨等灾害频发，但救灾保障措施缺乏，还没有按照《种子法》的要求，建立起省、市、县三级救灾种子储备制度。

（3）品种管理不规范。现阶段市场上一流品种的“假冒伪劣”以及“假冒而不伪劣”的现象比较严重。这种现象不仅损害了企业利益，更是损害了企业科研投入的热情。在近几年打假维权中，在品种鉴定上束手无策。有的地区借品种良补、新品种示范、一村一品等活动搞品种重复推介和市场保持，每个品种收费1 000~2 000元不等，给企业增加额外负担。植物检疫存在着重复收费或只收费不检疫的现象。

（4）种子市场管理弊端多。目前，种子管理存在职能重叠和管理上的错位、越位和缺位，弊端很多。一是多头管理、推诿扯皮。如目前海南省市县种子土肥能源站三站合一，种子管理机构非法人单位，许多工作不能自主。二是重复执法。种子管理部门与工商管理部门在进行种子生产、经营、销售档案登记中使用两套表格，增加了种子企业的负担，影响办事效率，也不利于种子执法。

（5）品种审定工作滞后。许多企业反映，目前农作物品种审定程序繁杂，一个品种从选系、组配到测试最少需要3~4年，还必须通过官方的预试、区试和生产试验，经过7~8年的时间才能通过审定与农民见面。新品种错过了最佳的推广时期，也减少了新品种的最大盈利期。因此往往出现品种审定和推广的不是一个品种，审定与推广两张皮的现象。在调研中，很多企业直言品种审定制度在承试规模和效率上已不能适应发展的需要，很多好的新品种尤其是基层单位选育的新品种很难及时推向市场，一旦出现品种质量问题，种子企业和审定机构就会出现互相推诿责任的现象。

本章小结

通过对海南省调研数据的分析发现，海南省种业发展严重滞后，从科研机构的调查问卷显示，科研经费严重不足，科技重新动力不足，科研体制约束等导致科研工作困难重重；从种子企业的调查问卷显示，海南省种子企业规模较小，基本上属于经营型企业，无力进行科研活动，企业核心竞争力薄弱；从种子种植户问卷调查显示，农村劳动力结构发生重大变化，妇女、老人、儿童比例的提高对种业生产提出了挑战，农户对种子重要性的认识有所提高，基本上经过经销商购买种子，同时农户对种子的品牌还没有建立一定的忠诚度，种子企业的品牌建设急需加强。大部分农户认为种子价格偏高，市场上品种较多、乱、杂。在此基础上，笔者认为制约海南省种业发展的三大因素为科技创新能力不强、供种保障能力不强、企业核心竞争能力不强。

第八章 海南省种业发展总体思路

海南南繁虽为我国种业作出了较大贡献，但是海南省种业发展目前仍然滞后于国内其他各省。为此，参考《海南省现代农作物种业发展规划》，从发展目标、规划布局、重点任务等方面进行分析，将推动海南农作物种业高质量发展。

第一节 海南省农作物种业发展的指导思想和基本原则

一、指导思想

以邓小平理论、“三个代表”重要思想、科学发展观为指导，深入贯彻习近平总书记系列重要讲话精神，牢固树立“创新、协调、绿色、开放、共享”发展理念；以加快发展现代农业、保障国家农产品安全、促进农业农村经济发展为目标，继续推动航天育种工作和有关项目建设，打造粮食、瓜菜、热带果树及热带经济等作物为重点，加强海南区域特色现代化种业，以种业体制改革和机制创新为动力，加快农业科技创新体系建设，加强政策扶持，加大农作物种业投入，整合农作物种业资源，快速提升海南省现代农作物种业科技创新能力、企业竞争能力、供种保障能力和市场监管能力，构建以产业为主导、企业为主体、基地为依托、产学研相结合、育繁推一体化的现代农作物种业发展新格局，全面提升海南省农作物种业发展水平。

二、基本原则

1. 坚持做优做强与做专做精相统一

以种子企业“育繁推一体化”为发展方向，加大种业扶持力度，鼓励科技资源向种子企业流动，不断优化种业发展环境，通过政策引导带动企业和社会资金投入，重点推进具有育种能力、市场占有率较高、经营规模较大的“育繁推一体化”种子企业做优做强；扶持专业化、区域性、服务型种子企业做专做精。

2. 坚持公益性研究与商业化育种相协调

鼓励科研院所和高等院校重点开展农作物育种的基础性、前沿性和应用技术研究，以及育种材料创新、常规和无性繁殖作物品种选育等公益性研究。建立以企业为主体开展商业化育种，加强种子企业自主创新，培育具有自主知识产权的优良品种，加快构建以市场为导向、资本为纽带、利益共享、风险共担的产学研相结合，种业基础性研究与商业化育种分工协作的新型种业科技创新体系，实现“双轮”驱动。

3. 坚持自主创新与内引外拓相促进

充分发挥海南省水稻、瓜菜、果树、热带经济等农作物品种选育优势，支持种子企业培育具有自主知识产权和重大应用前景的优良品种。同时，加强与国内外种业交流合作，引进海南省高效、生态、绿色农业发展急需的优新品种开发应用，促进产学研紧密结合，加强种业自主创新和国际合作，拓展优势农作物种业发展空间。

4. 坚持监督管理和行业自律相结合

强化种业监管职能，加强种子市场监督抽检和法律法规宣传教育，严格种子（苗）生产和售后监管，严厉打击制售假劣种子和套牌侵权行为，加大品种权保护力度，同时，发挥种子行业协会作用，促进企业守法自律、遵守行规、相互约束、接受监督，引导种子企业建立质量自控和诚信评价体系，共同构建和维护公平竞争的种子市场环境。

第二节　海南省农作物种业发展的主要目标

海南省农作物种业发展的总体目标是形成科研分工合理、产学研结合、资源集中、运行高效的育种新机制，培育一批具有重大应用前景和自主知识产权的突破性优良品种，稳步提升种业科技创新能力；建设一批标准化、规模化、集约化、机械化的优势种子生产基地，全面提高供种保障能力；打造一批育种能力强、生产加工技术先进、市场营销网络健全、技术服务到位的“育繁推一体化”现代农作物种业集团，持续增强企业竞争能力；建立职责明确、手段先进、监管有力的种子管理体系，全面加强市场监管能力。

一、种业发展指标体系构建

根据海南省农作物种业发展的现状及趋势分析，设计了海南省农作物种业发展的指标体系。一级指标共 4 个，即种业科技创新能力、供种（苗）保障能力、企业竞争能力、市场监管能力；二级指标 11 个，包括种质资源保存能力、主要农作物自主知识产权品种市场占有率、良种在农业增产中贡献率、省级农作物（水稻、瓜菜）品种试验、主要农作物良种覆盖率、主要农作物种子质量合格率、省级种业龙头企业、粮食作物种子企业前 3 强所占市场份额、种子企业选育并通过审定的农作物品种占当年审定总数的比例、主要农作物品种真实性检测能力、新引进主要农作物品种转基因检测能力（表 8-1）。

表 8-1　海南省种业发展指标

序号	具体指标	单位	2018 年	2025 年（预期值）
1	种业科技创新能力			
1.1	种质资源保存能力	万份	3.2	4.5
1.2	主要农作物自主知识产权品种市场占有率	%	38	50
1.3	良种在农业增产中贡献率	%	47	57
1.4	省级农作物（水稻、瓜菜）品种试验	个	750	900
2	供种（苗）保障能力			
2.1	主要农作物良种覆盖率	%	95	98
2.2	主要农作物种子质量合格率	%	97.5	98
3	企业竞争能力			
3.1	省级种业龙头企业	个	7	10
3.2	粮食作物种子企业前 3 强所占市场份额	%	40	50
3.3	种子企业选育并通过审定的农作物品种占当年审定总数的比例	%	53.5	70
4	市场监管能力			
4.1	主要农作物品种真实性检测能力	%	33	100
4.2	新引进主要农作物品种转基因检测能力	%	100	100

二、农作物种业发展目标分解

1. 提升种业科技创新能力

科技人才队伍不断壮大，科技创新环境和科技基础条件明确改善，科技支撑种业发展能力整体提高，培育一批具有重大应用前景和自主知识产权的突破性优良农作物品种，完善科研成果保护和共享机制，明确科研成果产权归属，主要农作物自主知识产权品种市场占有率达到50%，良种在农业增产中的贡献率达到57%以上，种质资源保存能力达到4.5万份，省级农作物（水稻、瓜菜）品种试验900个。

2. 提高供种（苗）保障能力

建成一批布局合理、设施完善、优势明显、相对稳定的标准化、规模化、集约化、机械化的优良种子种苗生产基地，主要农作物良种覆盖率达到98%以上，主要农作物种子质量合格率达到98%。

3. 培育种子企业竞争力

培育一批育种能力强、生产加工技术先进、市场营销网络健全、技术服务到位的“育繁推一体化”现代农作物种子企业，种子企业的生产、经营、管理、技术推广服务和商业化育种水平得到全面提升，省级种业龙头企业达到10家，粮食作物种子企业前三强所占市场份额达到50%，种子企业选育并通过审定的农作物品种占当年审定总数的比例达到70%。

4. 加强市场监管能力

健全省、市（县）职责明确、手段先进、监管有力的种子管理体系，种业市场监管手段和条件得到全面提升，生产及售后服务水平不断提高，宏观调控更加有力，主要农作物品种真实性检测能力达到100%，新引进主要农作物品种转基因检测能力稳定在100%。

第三节 海南省农作物种业发展的重点任务

2015—2025年，海南省种子产业发展的重点任务在于加快提升种业科技创新能力、供种保障能力、种子企业市场竞争能力和市场监管能力，形成以产业发展为主导、企业为主体、基地为依托、产学研相结合和“育繁推一体化”的现代农作物种业体系。

一、加快提升种业科技创新能力

加快推进科技创新资源整合，积极探索和建立种业研发新机制，突出强化基础性公益性研究，积极扶持商业化育种研发平台建设，有步骤地引导科研机构、科研人员与企业的合作，加快选育一批具有自主知识产权的重大突破性新品种。

1. 明确种业科研主体

种业基础性公益性研究坚持以公共科研机构为主，商业化育种逐步由公共科研机构转向种子企业。以中国热带农业科学院、海南大学、海南省农业科学院等为代表的部省级农业科研院所和高等院校重点从事种业基础理论、方法和共性关键技术等前沿领域的研究以及基础资源材料创新；种子企业从事研究成果转化和育繁推广，构建以“育繁推一体化”种子企业为主体的商业化育种新体系。

2. 加强种业基础性与公益性研究

支持科研院所和高等院校重点开展水稻、瓜菜、果树等热带和亚热带作物种质资源收集、保护、鉴定、育种材料的改良和创新研究，开展育种理论方法和分子育种、检测检疫、抗性鉴定、生产加工、信息管理等关键技术研究以及常规农作物育种、无性繁殖材料选育等公益性研究；加快航天育种能力建设和完善航天工程育种研发中心，通过太空育种打造高端果蔬品种，以科技创新助推传统农业转型，促进高端产业化发展。在文昌建立航天育种推广基地，开展水稻、瓜菜、果树等航天育种示范推广，每年选育出3~5个新品种，引导农户转变传统种植习惯和方式，其中航天基地种苗繁育规模达到3 000万株/年，辐射种植面积1万亩以上；加大对农作物种业基础性、公益性研究的投入和生物育种产业的扶持力度；安排经费扶持优势农作物种质资源收集、保存和利用，建立种质资源共享平台，完善种质资源信息化和标准化评价体系；加强农业科研单位的研发基础设施建设，构建以科研院所和高等院校为主体的农作物种业科技源头创新体系；开展全省农作物种质资源普查与收集，建设维护2个中期种质资源保存库及18个大宗农作物种质资源圃；加强本土种质和引进种质抗旱节水、耐热、耐寒、耐瘠等生理生态学鉴定及基因挖掘，加强转基因水稻试验基地建设以及SPT技术研发能力等。

3. 建立商业化育种新机制

海南省商业化育种重点开展水稻、番薯、橡胶等农作物新品种选育和应用技术研发。

（1）加大企业科研投入。鼓励企业加大科研投入，根据生产实际和市场需求，通过市场手段整合现有商业化育种力量和资源，充分利用公益性研究成果，按照市场化、产业化育种模式开展品种研发，提高育种效率和水平。

（2）促进种子企业发展。重点择优扶持具有较强研发实力的“育繁推一体化”种子企业，创建运行高效的规模化育种技术体系和平台，形成以政府政策支持为引导、公益性研究为支撑、企业自身发展为主体的商业化育种新机制，培育一批具有重大应用前景和自主知识产权的突破性新品种，提升企业核心竞争力，增强企业持续创新能力，使种子企业发展壮大成为商业化育种主力军。

（3）推进种业基础性、公益性研究。引导国家级、省部级科研院所和高等院校逐步退出商业化育种，现代农业产业技术体系的育种材料和技术逐步转入“育繁推一体化”种子企业，鼓励并吸引国内外科研机构优秀人才进入种子企业，从事商业化育种及相关科研工作。

4. 完善投入保障和成果转化机制

（1）大幅度加大各级财政对种业基础性、公益性研究的投入，并保持投入的持续性，健全合理的利益分配机制，调节投资人、育种人及种质资源创制人等各方利益，充分调动科研人员育种创新积极性。

（2）加快基础性公益性研发中心、农作物改良（分）中心等平台建设，改善基础设施条件。

（3）改进农作物种业科研成果评价机制，完善商业化育种成果奖励机制，建立公平的公共财政投入取得的研究信息共享和成果转化平台，规范科研单位成果转化行为和企业竞争手段，促进科研成果快速市场化。

5. 加强农作物种业人才培养

加快高等院校农作物种子产业相关学科建设，提升适应市场需求的专业人才的培养数量和质量。支持农林类高校重点实验室、工程研究中心以及实习基地的建设，建立教学、科研与实践相结合的长效机制。充分利用海南大学等高校提升继续教育和专业人员培训的能力，培养一批高素质种业科研、生产、营销服务和管理人才，为农作物种业发展、粮食增产和农业可持续发展提供人才和科技储备，创造条件吸引并留住人才。

二、加快提升供种保障能力

1. 建立新型农作物种业科技创新体系

加强高等院校农作物种业相关学科以及重点实验室、工程研究中心、实习基地建设，建立教学、科研与实践相结合的有效机制。推进科企合作，支持种子企业与科研院所、高等院校联合组建技术研发平台和产业技术创新战略联盟或产学研联合体，发挥农业农村部植物新品种测试（儋州）中心等机构优势，围绕种业关键技术开展联合攻关，逐步形成以企业为主体的商业化育种体系，加快提升企业育种创新能力；加强海南省人才和国家南繁、国内外各大科研机构和院校合作，整合资源，解决海南省种业人才缺乏的问题；完善科研成果转化、保护和共享机制，明确科研成果产权归属，支持科研院所和高等院校与企业通过兼职、挂职、签订合同等方式开展人才合作，提高对科研人员的奖酬比例，探索建立种业科研成果中机构与科研人员权益比例确定试点；建立科学合理的科研成果转化平台，制定品种权交易管理办法，促进科研成果快速转化；加强种业信息化服务平台建设，建立健全种业信息收集和发布制度。

2. 搭建省级种业基础科研平台

统筹种业发展规划，切实增强基础科研支撑平台，建设种业科研资源储备交换中心，将本地种业科研基础设施保障程度提高到与海南种业发展需求匹配的水平；利用海南是21世纪海上丝绸之路的重要节点，支持海南种业龙头企业积极参与开拓国外市场，开展科研育种和种子生产经营合作，引进优质种质资源、先进育种和种子加工技术。同时，引进国内外先进育种技术、装备和高端人才，建立包含高通量分子育种检测系统、高通量数据处理分析系统在内的大规模的高通量分子育种检测平台和数据处理分析系统，整合种业资源，建设育种研发平台，开展品种创新。

3. 加强种子（苗）生产基地建设

科学规划种子（苗）生产基地布局，根据区域生态条件和农作物育制种特点，按照“优势区域、企业主体、规模建设、提升能力”的原则，分区域、分作物建设优势种子（苗）品种生产基地，确保种子（苗）生产长期稳定；规范种苗繁育基地和存库用地，粮食作物、瓜菜作物、果树作物、热带经济作物等需使用建设用地的，应符合《海南省总体规划（空间类2015—2030年）》和市（县）“多规合一”成果规划布局和管控要求，种苗繁育基地配套设施特别是近两年急需建设的项目应纳入市（县）土地利用总体规划调整完善成果予以保障；结合土地利用总体规划，将生产基地内的耕地划入基本农田，实行永久保护，对科研育种及种子生产优势区域实行最严格的耕地保护制度，确保种子基地不被侵占；支持种子企业建立稳定的种子（苗）生产基地，在依法自愿有偿和不改变土地用途的前提下，通过土地流转、长期租用等方式，构建种子（苗）企业与制种大户、专业合作组织以及农民的长期契约合作关系；加强种子（苗）生产基地基础设施建设，改善生产条件，建设完善粮食作物种子（苗）生产基地、瓜菜良种繁育基地、热带果树良种苗木繁育基地及热带经济作物良种苗木繁育基地，开展农作物新品种加代繁育和种子真实性鉴定，缩短育种周期，保证种子质量。

4. 完善救灾备荒种子（苗）储备制度

在承担国家救灾备荒农作物种子储备任务的基础上，建立省级救灾备荒农作物种子储备库，重点储备水稻、瓜菜为主的大宗作物种子，保障灾后恢复生产和市场调剂。加强救灾备荒农作物种子储备管理工作，农作物种子储备实行公开招投标，要求储备单位品种到位、储存量到位，农作物种子处理需按规定条件上报。省级重点支持的“育繁推一体化”农作物种子企业要主动承担储备任务，政府财政对种子储备给予支持。

三、加快提升企业竞争力

1. 推进企业兼并重组

按照国家有关规定的要求，结合海南省实际情况，提高企业注册资金、固定资产、研发能力和技术水平等市场准入条件，通过市场机制来优化企业结构、调整企业布局。积极引导和鼓励种子企业在经营规范、建立完善公司管理制度的基础上，根据优势互补、互惠共赢、共同发展的原则进行兼并重组，通过整合资源，优化资源配置等市场化手段，形成一批在国内具有核心竞争力的“育繁推一体化”种子企业，提高行业集中度。支持大型非种子企业、民间资本通过并购、参股等方式进入种子行业。对企业兼并重组涉及的资产评估增值、债务重组收益、土地房屋权属转移等给予税收优惠。重点解决好兼并企业与被兼并企业间的人员变动、经营理念与企业文化融合等问题。

2. 支持企业开展品种创新

按照“资格认证、定期复审、优进劣退”的原则，通过政策扶持和项目支持，择优支持一批育种能力强、生产加工先进、经营管理规范、营销网络健全、技术服务到位的“育繁推一体化”企业，引进国内外先进育种技术、装备和高端人才，建设育种研发平台，开展品种创新。鼓励高等院校、科研单位与“育繁推一体化”企业通过协作、委托、成果转让、技术入股等多种形式合作和共建研发平台，建立产学研战略联盟，并逐步引导高等院校和科研单位的商业化育种资源和人才、技术等科研要素流向种子企业。政府科研经费投入和重大科研项目要向“育繁推一化”企业倾斜，增强企业科研育种创新实力。

3. 提升种子企业整体水平

引导种子企业在加强种子生产、经营的基础上，向前向后延伸产业链，建设推广服务网络、信息管理系统和营销服务体系，强化技术推广和技术服务，为农民增产增收提供有效的解决方案。按照“产权明晰、权责明确、政企分开、管理科学”的要求，建立完善的现代企业制度。引导、支持种子企业在平等自愿的基础上实现重组、改制，着力打造一批基础性好、辐射带动作用大、市场竞争强、经济效益优、诚信度高的种子龙头企业。加大品牌建设和宣传，提高企业品牌知名度，提高企业诚信、自律水平。

4. 规范并引导种业的合作交流

要充分发挥种子协会的组织、协调、服务职能与桥梁纽带作用，促进种子企业间的合作与交流。通过实地考察、专家座谈等方式积极向外省和发达国家学习先进技术和成功经验。加强高等院校、科研机构、种子企业与外省和国外种业人才、技术和学术交流。依据国家种业外资准入相关管理办法，完善种业外资准入制度，鼓励将国际先进育种技术和优势资源“引进来”，提高外资引进质量。制定外资企业和省内科研机构合作规范，做好外资并购种子企业的安全审查工作。鼓励省内优势种子企业“走出去”，增加出口创汇，开拓国际市场。

四、提升市场监管能力

1. 严格品种试验审定和保护

根据修订的《主要农作物品种审定办法》，健全品种测试体系，完善、细化、提高主要农作物品种审定标准，强化品种特异性、抗病性和抗逆性鉴定。做好国家级品种审定基础性工作，严格省级品种审定程序、标准，确保种子质量。完善植物新品种保护制度和生物安全评价管理制度，规范新品种保护测试、农作物生物安全评价行为。按照程序合法、标准统一、确保安全的原则，建立“育繁推一体化”种子企业特别品种审定绿色通道制度。建立健全品种试验、测试单位及从业人员管理制度，建立考核、准入、淘汰机制。加强对审定品种的监管，健全品种退出机制。

2. 强化种子市场监管

严格执行《农作物种子生产经营许可管理办法》《农作物种子标签管理办法》《农业植物新品种权侵权案件处理规定》，明确企业责任，强化基地管理，加大处罚力度，严厉打击制种基地无证或侵权生产、抢购套购等违法行为，维护种子基地生产秩序。强化品种权执法，健全知识产权服务体系，切实保障品种权人合法权益。建立企业公开信息查询平台，实施省内外企业“黑名单”制度，坚决取缔违法生产经营企业。加大种子市场检查和企业监督抽查力度，加强品种真实性检查，严厉打击套牌侵权、生产经营假劣种子等违法行为，推行以集中行政处罚为主要内容的县级农业综合执法。严格行政许可事项管理，加强事后监管和日常检查。

3. 强化种子管理队伍建设

强化各级种子管理机构职能，核定编制，配齐人员，全面提升执法管理能力；将种子市场监管、种子质量监督检验和品种试验等种子管理工作经费纳入同级财政预算，切实保障种子管理工作经费。强化人员培训，提高人员素质，建立一支廉洁公正、作风优良、业务精通、素质过硬和装备精良的种子管理队伍。改善县级种子管理条件，加强品种试验和种子检测等公共服务设施建设，配备农作物种子质量快速检测、信息管理等仪器设备，为种子监管工作提供强有力的技术支撑和保障。

第四节　海南省农作物种业发展布局

根据海南省资源禀赋条件和未来10年保障国家农产品供给安全的需要，重点发展具有海南省的优势和特色、关系国计民生、具有重要战略地位、对农民增收带动作用明显的优势农作物种业。主要包括粮食作物、瓜菜、热带果树和热带经济作物。

一、粮食作物

1. 发展目标

到2025年，在新品种选育、新方法研发、新材料创制等方面取得重大突破，培育10~15个具有重大应用前景和自主知识产权的突破性优良粮食作物新品种；建成一批标准化、规模化、集约化、机械化的优势种子生产及育秧基地，建设南繁公共研发创新平台、种业成果转化孵化器和科技示范基地；粮食作物品种每5年更新换代1~2次，完善种子质量检验检测监督网络，完善种子质量和品种真实性监督抽查制度，实现粮食作物种子抽检全覆盖；完善风险防范机制，有效跟踪检测、监控转基因作物和产品的安全隐患，保持海南育制种的生态安全。

2. 发展重点

以科研院所为科研主体，构建公益性研发平台，推动以企业为主体且产学研相结合的创新体系建设，建立一批“育繁推一体化”国家种业成果转化孵化和产业化示范基地，加快水稻、番薯等粮食作物种质资源创新与应用，充分挖掘与保护粮食作物高产、抗病虫、营养高效等重要性状基因资源；加快育种技术理论与方法的创新，选育一批优质高产、适应性强、抗性好、适于机械化制种和种植的水稻、番薯等新品种；积极推广香米、富硒米等高端水稻品种；加快水稻、番薯等种子（苗）检测、加工和贮藏技术研究，提高种子质量。

完善品种测试体系、新品种展示示范基地等，提升企业的品种选育、繁育、推广能力，提高杂交水稻储备能力，增强粮食作物种子应急调控能力，提升种子质量水平。支持企业引进国内外先进育种技术、装备和高端人才，创新育种理念，提升育种创新能力（表 8–2）。

表 8–2　粮食作物发展目标和发展重点

序号	作物	发展目标（到 2025 年）	发展重点
1	水稻	杂交水稻商品种供应率稳定在100%，良种覆盖率达 98% 以上，杂交水稻自制自用种子约占85%；常规稻良种覆盖率达85%；优质稻、特种稻供种能力达 260 万 kg	重点培育出一批高产、品质优、多抗、适应范围广、适于机械化制种和种植的杂交水稻及常规稻品种；培育适合海南种植的优质香稻、特种稻新品种（组合）；进一步提高两系杂交稻亲本繁种能力，建设杂交水稻制种基地；加强常规稻主栽品种提纯复壮，适度提升常规稻良种覆盖率；增强省级水稻品种试验基地和水稻改良中心的科研能力与影响力
2	番薯	番薯良种覆盖率达 90%	加强、完善番薯脱毒苗繁育基地建设；开展番薯种质资源收集与保存工作，采用常规育种与利用现代生物技术育种相结合的育种新模式，开发番薯新品种

水稻：稳面积调品种。播种面积稳定在 450 万亩，保持供种量700 万 kg；逐年减少普通稻品种面积，巩固常规稻品种，扩大优质稻品种，适度增加特种稻品种，到 2025 年扩大优质稻品种种植面积到 160 万亩、特种稻（红米、黑米、糯米）品种 8 万亩。打造博Ⅱ优 225、博Ⅱ优 33、博Ⅱ优 818、龙两优 750 等优质米和海南特色山栏稻地方品种品牌。在中部山区适当推广山栏陆 1 号、山栏糯 2 号等山栏稻新品种；在重点市县发展海香占、海丰香 1 号、海柬香等高档富硒香米品种，以及海丰黑糯 2 号、海亚黑稻 1 号、海丰糯 1 号等黑米、红米、糯米品种。

番薯：逐年调减本地普通品种，调优番薯新品种。到2025年全省优质番薯品种发展到90万亩，推广脱毒苗优良品种30万亩以上，重点区域推广高系14、山川紫、花紫3号、三角宁等品种。建立稳定的番薯脱毒苗标准化繁育基地，示范推广优良番薯新品种与新技术，走育、繁、推相结合的现代农业发展之路。

3. 规划布局

针对主要粮食作物现有的种质资源圃，完善现有资源保存库和资源保存圃。维护1个(3 250m^2) 国家种质资源热带作物中期保存库，分布在儋州；维护1个（50m^2）海南省粮食作物种质资源种子中期库，分布在海口；改建1个（10亩）热带野生稻圃，分布在澄迈；新建1个（5亩）番薯种质资源圃，分布在澄迈（表8-3）。

表8-3 粮食作物种质资源库（圃）规划布局（2025年末）

序号	名称	建设地点	类别	建设规模	实施单位
1	国家种质资源热带作物中期保存库	儋州	维护	1个（3 250m^2）	中国热带农业科学院
2	海南省粮食作物种质资源种子中期库	海口	新建	1个（50m^2）	海南省农业科学院
3	热带野生稻圃	澄迈	改建	1个（10亩）	海南省农业科学院
4	番薯种质资源圃	澄迈	新建	1个（5亩）	海南省农业科学院

根据区域资源禀赋、产业基础、区位、交通条件等，因地制宜，在原有的基础上，新建和改建15个水稻集约化育秧基地，其中新建6个（36亩），分布在屯昌、陵水、万宁、东方、昌江、琼海，改扩建9个，分布文昌、乐东、三亚、儋州、琼海、澄迈、临高、定安；改扩建1个水稻改良中心(200亩)，分布在澄迈；改扩建和维护7个（200亩）省级水稻品种试验区域站，分布在海口、澄迈、三亚、陵水、琼海、儋州、屯昌；新建5个(410亩) 标准化番薯脱毒苗扩繁基地，其中一级苗圃1个（10亩），分布在澄迈县桥头镇，二级以上扩繁基地4个（400亩），分布在儋州、东方、乐东、文昌(表8-4)。

表 8-4　粮食作物良种繁育基地规划布局（2025 年末）

序号	名称	建设地点	类别	建设规模
1	水稻集约化育秧基地	文昌、乐东、三亚、儋州、琼海、澄迈、临高、定安、屯昌、陵水、万宁、东方、昌江	新建、改建	15 个（新建 6 个共 36 亩，9 个改建）
2	水稻改良中心	澄迈	改扩建	1 个（200 亩）
3	省级水稻品种试验区域站	海口、澄迈、三亚、陵水、琼海、儋州、屯昌	改扩建、维护	7 个（200 亩）
4	标准化番薯脱毒苗扩繁基地	澄迈、儋州、东方、乐东、文昌	新建	5 个（410 亩）

二、瓜菜作物

1. 发展目标

到 2025 年，基础设施条件基本完善，配套良种繁育设施设备基本齐全，繁种创新条件达到国内先进水平。引进试验各类瓜菜品种 4 000个，每年向全省推广主栽瓜菜示范品种 150 个以上，大面积推广瓜菜优良品种 15 个以上；瓜菜作物主栽品种每 5 年更新换代 3 次以上；新建瓜菜集约化育苗中心 20 个以上，每年育苗能力达 5 亿株以上。

2. 发展重点

提高瓜菜种质资源的收集保存能力。加大投入，组织专业科研队伍强化对海南省瓜菜种质资源的调查、收集、鉴定、整理归类，并配备专业队伍，建设相应设施，根据需要采取就地保存、迁地保存、种子保存、资源圃种质保存、离体试管保存、利用保存、基因库保存等方式加强瓜菜种质资源的收集保存。

提升瓜菜育种科研水平。整合瓜菜科技资源，加强科技合作，努力提高育种科研水平，重点是加强种质资源创新与育种新技术研究。

开展商业化育种机制创新。逐步改变科研院所从事专业育种、种子公司从事市场营销的传统做法，培育一批科技型企业与科研院所相结合的新型商业化育种技术体系。

完善种苗繁育基地建设，促进新品种示范推广。通过增加投入和合理规划布局，配套选育种，繁制种及展示示范基础建设，不断提高选育种及示范推广效果，提高瓜菜良种自给能力与良种覆盖能力，筛选高产、优质、多抗杂交玉米（鲜食）组合，研发耐热宜栽瓜菜尤其是叶菜品种，为海南常年瓜菜基地建设提供技术支撑。

3. 规划布局

针对瓜菜种质资源库现状，改建 2 个（6 亩基地）茄果类作物资源库，分布在儋州、澄迈；新建和改建 3 个（21 亩基地）瓜类作物资源库，其中新建 1 个（10 亩基地），分布在三亚，改建 2 个（11 亩基地），分布在儋州、澄迈；改建 2 个（11 亩基地）特色蔬菜种质资源库，分布在儋州、澄迈；新建 1 个（10 亩基地）豆类作物资源库，分布在三亚（表 8-5）。

表 8-5 瓜菜种质资源库规划布局（2025 年末）

序号	名称	建设地点	类别	建设规模	实施单位
1	茄果类作物资源库	儋州、澄迈	改建	2 个（6 亩基地）	中国热带农业科学院、海南省农业科学院
2	瓜类作物资源库	儋州、澄迈、三亚	改建、新建	3 个（21 亩基地）	中国热带农业科学院、海南省农业科学院、三亚市南繁科学技术研究院
3	特色蔬菜种质资源库	儋州、澄迈	改建	2 个（11 亩基地）	中国热带农业科学院、海南省农业科学院
4	豆类作物资源库	三亚	新建	1 个（10 亩基地）	三亚市南繁科学技术研究院

根据冬季瓜菜的生产布局，科学合理规划瓜菜作物良种基地及集约化育苗中心布局。改扩建 3 个(3 040亩）瓜菜良种繁育基地，分布在海口、琼海、东方；改扩建 2 个（100 亩）西瓜嫁接苗生产基地，分布在文昌、万宁；改扩建 2 个（100 亩）甜瓜嫁接苗生产基地，分布在三亚、乐东；改扩建 1 个（50 亩）黄瓜良种繁育基地，分布在保亭；改扩建 2 个（100 亩）苦瓜良种繁育基地，分布在保亭、屯昌；改扩建 1 个（50 亩）南瓜和辣椒良种繁育基地，分布在临高；新建 20 个集约化育苗中心，全省按东南西北中 5 个区域分布；改扩建和维护 4 个（120 亩）省级瓜菜品种试验区域站，分布在三亚、琼海、儋州、屯昌（表 8-6）。

表 8-6　瓜菜良种繁育基地规划布局（2025 年末）

序号	名称	建设地点	类别	建设规模
1	瓜菜良种繁育基地	海口、琼海、东方	改扩建	3 个（3 040 亩）
2	西瓜嫁接苗生产基地	文昌、万宁	改扩建	2 个（100 亩）
3	甜瓜嫁接苗生产基地	三亚、乐东	改扩建	2 个（100 亩）
4	黄瓜良种繁育基地	保亭	改扩建	1 个（50 亩）
5	苦瓜良种繁育基地	保亭、屯昌	改扩建	2 个（100 亩）
6	南瓜和辣椒良种繁育基地	临高	改扩建	1 个（50 亩）
7	瓜菜集约化育苗中心	全省东南西北中 5 个区域	新建	20 个
8	省级瓜菜品种试验区域站	三亚、琼海、儋州、屯昌	改扩建、维护	4 个（120 亩）

三、热带果树

1. 发展目标

到 2025 年，选育并推广的主要热带果树品种占审定品种总数的 80% 以上；扶持和培育育种能力强、技术先进、市场营销网络健全、技术服务到位的“育繁推一体化”一级种苗生产企业；建设标准化、规模化、集约化、机械化的优良种苗生产基地。新种植的果树良种覆盖率达到 99%，确保热带果树优良种苗有效供给；形成较为完善的品种试验示范和展示体系、市场监管体系、种苗质量检测体系和种苗信息服务体系，全面提高种苗管理能力和服务水平。

2. 发展重点

加强种质资源的收集、整理、保存和利用研究，加强育种新材料的创制与育种新方法创新研究，对现有种质资源进行系统地鉴定评价，充分挖掘、利用野生资源和引种品种的独特遗传性状，培育更多的优良品种；有目的、有重点地筛选材料，提高热带果树育种效率；探索果树育苗新方法，促进热带果树种业的发展。

重视新品种选育。重点选育香蕉、杧果、菠萝、荔枝、龙眼 5 种热带果树新品种；加强常见的热带果树（如番木瓜、菠萝蜜、红毛丹、柑橘、橙子、柚子、火龙果、莲雾、人心果、榴梿蜜等）品种的引进与选育，与常规育种技术相结合，选育出具有突破性的新品种。

加强种苗繁育基地建设。建设一批育苗基地，实行规模化生产与供应，提高种苗质量，根据市场需求推广适销对路的优良品种。配套完善苗圃道路、渠系，健全育种技术方案和工作流程，开展新品种繁育、评估和示范。从良种或成年母树优良单株上采接穗，母株要求品种纯正、丰产、稳产、优质无检疫性病虫害（表 8-7）。

表 8-7　热带果树品种发展目标和发展重点（2025 年末）

序号	作物	发展目标（到 2025 年）	发展重点
1	香蕉	培育新品种 1～2 个；良种覆盖率达到 95%	建立品种资源保存、遗传改良和品种选育体系。培育出抗黄叶病、叶斑病、病毒病和线虫等新品种；培育出果指长、梳形整齐，丰产、优质、抗枯萎病等抗性较强的香蕉新品种
2	杧果	保存种质资源总 350 份；培育新品种 2～3 个；良种覆盖率达到 90%	强化品种资源创新，培育具有抗病性、抗逆性、优质、早熟等单项或多项优良性状的杧果育种中间材料，与常规育种技术相结合，选育出具有突破性的杧果新品种
3	菠萝	选育鲜食、加工和鲜食兼用型优良新品种 1～2 个；良种覆盖率达到 90%	加强种质资源收集保存与创新利用，选育鲜食、加工和鲜食兼用型优良新品种，加大新品种推广力度，逐步改变菠萝品种单一、种性退化现状，优化品种结构，提高良种覆盖率
4	荔枝	培育新品种 1～2 个；良种覆盖率达到 90%	加快荔枝种质资源和材料的创新与利用，积极开展杂交育种，重点选育丰产、优质、早熟品种
5	龙眼	引进名优新品种 1 个；良种覆盖率达到 95%	培育耐贮运加工专用型品种；选育具有特早熟、优质中熟等优良性状的鲜食专用型品种；选育药食同源品种，培育高多糖、高黄酮等成分的龙眼品种；研究龙眼遗传背景、遗传规律、成花机制、胚胎发育、特异性状基因创新、分子评价、分子标记辅助育种、生物工程育种等技术，培育目标性状龙眼品种，加快龙眼育种现代化技术研发
6	莲雾	引进名优新品种 1 个；良种覆盖率达到 100%	开展莲雾种质资源基础性研究，加大新品种引种试种及优良品种选育工作，创新莲雾育苗技术，提高莲雾品种的抗性及果实品质
7	火龙果	保存种质资源总 120 份；引进名优新品种 1 个；良种覆盖率达到 100%	提高新品种引种试种及优良品种选育水平。加强火龙果病害的综合防治水平
8	菠萝蜜	完成资源评价 100 份以上；选育抗风、耐寒及抗根腐病的优良品种 1 个	加大种质资源收集、保存和鉴定评价力度，提高农业农村部海口菠萝蜜种质资源圃建设水平，积极开展种质创新与良种选育，重点开展抗风、耐寒及抗根腐病的优良品种选育工作

（续表）

序号	作物	发展目标（到2025年）	发展重点
9	番木瓜	保存种质资源总12份；引进名优新品种3个；良种覆盖率达到100%	培育出抗环斑花叶病毒的新品种；培育出非转基因的优良红肉水果型新品种
10	其他热带果树	引进新品种5个以上	普及芽变选种知识和方法，组织开展产区群众性的芽变选种活动；加强国内外新优品种及砧木的引进、筛选，建立长效机制，及时进行初选、复选工作

3. 规划布局

在优势区域科学规划，完善维护1个（40亩）农业农村部菠萝蜜种质资源圃，分布在澄迈；完善维护、扩建1个（维护65亩、扩建30亩）农业农村部杧果种质资源圃，分布在儋州；改建1个（100亩）海南原生荔枝种质资源圃，分布在澄迈；改扩建1个（改建28亩，扩建22亩）海南优稀果树资源圃，分布在儋州（表8-8）。

表8-8　热带果树种质资源圃规划布局（2025年末）

序号	名称	作物	规模	类别	建设地点	实施单位
1	农业农村部菠萝蜜种质资源圃	菠萝蜜、尖蜜拉等	1个（40亩）	维护	澄迈	海南省农业科学院
2	农业农村部杧果种质资源圃	杧果	1个（维护65亩、扩建30亩）	扩建、维护	儋州	中国热带农业科学院
3	海南原生荔枝种质资源圃	荔枝	1个（100亩）	改建	澄迈	海南省农业科学院
4	海南优稀果树资源圃	番石榴、黄皮、番荔枝、莲雾、番木瓜、毛叶枣、红毛丹、火龙果等	1个（改建28亩，扩建22亩）	改扩建	儋州	中国热带农业科学院

新建1个（100亩）香蕉良种种苗繁育基地，分布在昌江；新建2个（200亩）杧果良种种苗繁育基地，分布在三亚、乐东；新建1个（100亩）菠萝良种种苗繁育基地，分布在琼海；新建1个（100亩）荔枝良种种苗繁育基地，分布在海口；新建1个（100亩）龙眼良种种苗繁育基

地，分布在白沙；新建3个（300亩）莲雾良种种苗繁育基地，分布在临高、海口；新建2个（200亩）橙子良种种苗繁育基地，分布在琼中、澄迈；新建2个（200亩）柚子良种种苗繁育基地，分布在临高、儋州；新建1个（100亩）火龙果良种种苗繁育基地，分布在昌江；新建1个（100亩）番木瓜良种种苗繁育基地，分布在昌江；新建2个（200亩）红毛丹良种种苗繁育基地，分布在琼中、保亭；新建1个（100亩）榴梿蜜与菠萝蜜良种种苗繁育基地，分布在琼海；新建1个（100亩）柠檬良种种苗繁育基地，分布在文昌；新建1个（100亩）山竹良种种苗繁育基地，分布在五指山（表8-9）。

表8-9 热带果树良种种苗繁育基地规划布局（2025年末）

序号	名称	规模	类别	建设地点
1	香蕉良种种苗繁育基地	1个（100亩）	新建	昌江
2	杧果良种种苗繁育基地	2个（200亩）	新建	三亚、乐东
3	菠萝良种种苗繁育基地	1个（100亩）	新建	琼海
4	荔枝良种种苗繁育基地	1个（100亩）	新建	海口
5	龙眼良种种苗繁育基地	1个（100亩）	新建	白沙
6	莲雾良种种苗繁育基地	3个（300亩）	新建	临高（1个）、海口（2个）
7	橙子良种种苗繁育基地	2个（200亩）	新建	澄迈、琼中
8	柚子良种种苗繁育基地	2个（200亩）	新建	临高、儋州
9	火龙果良种种苗繁育基地	1个（100亩）	新建	昌江
10	番木瓜良种种苗繁育基地	1个（100亩）	新建	昌江
11	红毛丹良种种苗繁育基地	2个（200亩）	新建	琼中、保亭
12	榴梿蜜与菠萝蜜良种种苗繁育基地	1个（100亩）	新建	琼海
13	柠檬良种种苗繁育基地	1个（100亩）	新建	文昌
14	山竹良种种苗繁育基地	1个（100亩）	新建	五指山

四、热带经济作物

1. 发展目标

到2025年，大力支持培育有自主知识产权品种，研发并引进推广天然橡胶、槟榔、椰子、胡椒、木薯等热带经济作物新品种，推进科技创新和关键技术集成推广应用，实现海南省热带经济作物向技术效益型转变，增强海南省热带经济作物优质种苗的供给能力，努力将海南打造成为全国最大的热带经济作物种苗供应基地。

2. 发展重点

加强良种繁育基地建设和推广标准化生产技术。加强良种繁育基地建设，研发培育及引进国内外优良新品种，并进行筛选评价，选育出适合海南省种植的良种进行推广，加快新品种、新组合推广和产业化应用；按照高标准规划、高技术含量、规模化建设的要求，开展标准化生产技术示范，增强优良品种的抗风、抗旱能力，加速推广优良新品种及其配套生产技术，综合应用抗风、抗旱高产栽培技术，加速科技成果转化成现实生产力。

加强种质资源和优质品种的保护和利用。建设完善一批天然橡胶、椰子、槟榔、油棕、油茶和腰果等热带作物省级种质资源圃，研究其作物遗传稳定性及其与生态环境的变化规律，筛选优质种质资源，为新品种选育、科技创新和产业发展提供更为优质的种质材料，对现有品种进行评价和改良创新，培育一批具有产业化前景的热带经济作物新材料和新品系（表 8–10）。

表 8–10 热带经济作物品种发展目标和发展重点（2025 年末）

序号	作物	发展目标（到 2025 年）	发展重点
1	橡胶	保存种质资源 10 000 份；培育新品种 1 个；良种覆盖率达到 100%	强化橡胶快繁技术，推广橡胶组培苗生产技术，培育改良新品种，提高品种抗性
2	椰子	培育新品种 1 个；良种覆盖率为 95%，优质果率达到 80%以上	完善种质资源圃，对其进行评价和改良创新，培育出新品种
3	槟榔	培育新品种 3 个；良种覆盖率达到 90%	完善种质资源圃，对其进行评价和改良创新，培育出新品种
4	胡椒	培育 1 个胡椒新品种；良种覆盖率达到 100%	完善种质资源圃，培育出新品种
5	咖啡	培育新品种 1 个；良种覆盖率达到 95%	完善种质资源圃，培育出新品种
6	腰果	保存种质资源总 415 份；培育新品种 1 个；良种覆盖率达到 80%	完善种质资源圃，选育适合不同区域的抗病虫、抗寒、抗风、高产新品种
7	木薯	保存种质资源 800 份；培育木薯新品种 5 个；良种覆盖率达到 95%	完善种质资源圃，培育改良新品种，提高品种淀粉含量、营养成分及抗性等
8	热带代用茶种	培育新品种 1~3 个	完善种质资源圃，培育新品种，提高品种抗性
9	油茶	培育新品种 1 个；良种覆盖率达到 100%	完善种质资源圃，培育新品种

（续表）

序号	作物	发展目标（到2025年）	发展重点
10	油棕	培育新品种3个；良种覆盖率达到80%	完善种质资源圃，培育新品种
11	南药	保存种质资源总3 000份；培育新品种1～2个；良种覆盖率达到70%	完善种质资源圃，对其进行评价和改良创新，培育出新品种

3. 规划布局

针对海南省热带经济作物，在优势区域科学规划建设，维护、扩建1个（维护140亩、扩建30亩）国家橡胶树种质资源圃，分布在儋州；维护、扩建1个（维护70亩、扩建30亩）国家木薯种质资源圃，分布在儋州；扩建和维护1个（扩建410亩、维护110亩）国家热带棕榈种质资源圃，分布在文昌；维护1个（75亩）农业农村部椰子种质资源圃，分布在文昌；扩建、维护1个（扩建30亩，维护100亩）农业农村部腰果种质资源圃，分布在儋州、乐东；改建1个（20亩）农业农村部槟榔种质资源圃，分布在文昌；维护1个（150亩）农业农村部热带香料饮料种质资源圃，分布在万宁；维护1个（435亩）农业农村部油棕种质资源圃，分布在儋州、文昌；维护1个（110亩）农业农村部南药种质资源圃，分布在儋州；改建1个（10亩）热带代用茶种质资源圃，分布在儋州；改建1个（20亩）油茶种质资源圃，分布在文昌（表8-11）。

表8-11　热带经济作物种质资源圃规划布局（2025年末）

序号	名称	作物	规模	类别	建设地点	单位
1	国家橡胶树种质资源圃	橡胶	1个（维护140亩，扩建30亩）	扩建、维护	儋州	中国热带农业科学院
2	国家木薯种质资源圃	木薯	1个（维护70亩，扩建30亩）	扩建、维护	儋州	中国热带农业科学院
3	国家热带棕榈种质资源圃	油棕、桄榔、糖棕、蒲葵、国王椰子、蛇皮果等	1个（扩建410亩、维护110亩）	扩建、维护	文昌	中国热带农业科学院
4	农业农村部椰子种质资源圃	椰子	1个（75亩）	维护	文昌	中国热带农业科学院

（续表）

序号	名称	作物	规模	类别	建设地点	单位
5	农业农村部腰果种质资源圃	腰果	1个（扩建30亩，维护100亩）	扩建、维护	儋州、乐东	中国热带农业科学院
6	农业农村部槟榔种质资源圃	槟榔	1个（20亩）	改建	文昌	中国热带农业科学院
7	农业农村部热带香料饮料种质资源圃	胡椒、咖啡等	1个（150亩）	维护	万宁	中国热带农业科学院
8	农业农村部油棕种质资源圃	油棕	1个（维护435亩）	维护	儋州、文昌	中国热带农业科学院
9	农业农村部南药种质资源圃	南药	1个（110亩）	维护	儋州	中国热带农业科学院
10	热带代用茶种质资源圃	苦丁茶、鹧鸪茶等	1个（10亩）	改建	儋州	中国热带农业科学院
11	油茶种质资源圃	油茶	1个（20亩）	改建	文昌	中国热带农业科学院

按照“优势区域、机制创新、科技支撑、统筹发展”的原则，科学规划建设海南热带经济作物种子种苗生产基地，加强基地设施建设，打造种苗生产优势区。维护1个（600亩）橡胶良种苗木繁育基地，分布在儋州；新建1个（150亩）木薯良种苗木繁育基地，分布在儋州；新建1个（150亩）椰子良种苗木繁育基地，分布在文昌；新建1个（150亩）腰果良种苗木繁育基地，分布在乐东；新建1个（150亩）槟榔良种苗木繁育基地，分布在文昌；新建2个（300亩）胡椒良种苗木繁育基地，分布在琼海、文昌；新建2个（300亩）咖啡良种苗木繁育基地，分布在澄迈、万宁；新建3个（300亩）油茶良种苗木繁育基地，分布在琼海、澄迈、海口；新建1个（150亩）南药良种苗木繁育基地，分布在白沙；新建2个（200亩）益智良种苗木繁育基地，分布在琼中、保亭（表8-12）。

表8-12 热带经济作物良种苗木繁育基地规划布局

序号	名称	规模	类别	建设地点
1	橡胶良种苗木繁育基地	1个（600亩）	维护	儋州
2	木薯良种苗木繁育基地	1个（150亩）	新建	儋州
3	椰子良种苗木繁育基地	1个（150亩）	新建	文昌

（续表）

序号	名称	规模	类别	建设地点
4	腰果良种苗木繁育基地	1个（150亩）	新建	乐东
5	槟榔良种苗木繁育基地	1个（150亩）	新建	文昌
6	胡椒良种苗木繁育基地	2个（300亩）	新建	琼海、文昌
7	咖啡良种苗木繁育基地	2个（300亩）	新建	澄迈、万宁
8	油茶良种苗木繁育基地	3个（300亩）	新建	琼海、澄迈、海口
9	南药良种苗木繁育基地	1个（150亩）	新建	白沙
10	益智良种苗木繁育基地	2个（200亩）	新建	琼中、保亭

第五节　海南省农作物种业重点项目设计

一、基础性和公益性研究工程

重视本省种业资源，结合海南科研院所建立种子资源开发和保护区域，通过航天工程育种研发中心和航天育种推广基地、SPT技术研发能力共2个项目建设，提高全省生物育种及基因挖掘能力。

二、科技创新能力建设工程

通过对海南种业科技成果交易平台、“海南种业网”信息化服务平台共2个项目的建设完善，推进技术研发平台和产业技术创新战略联盟或产学研联合体，加快新优品种推广，提升科技创新能力。

三、省级种业基础平台工程

通过搭建省级种业基础科研支撑平台，建设农作物种业科研资源储备交换中心，引进国内外先进育种技术、装备和高端人才，开展品种创新。

四、粮食作物工程

通过水稻集约化育秧基地、水稻改良中心、标准化的番薯脱毒苗扩繁基地、省级水稻品种试验区域站、水稻新品种引进示范场、国家种质资源热带作物中期保存库、海南省粮食作物种质资源种子中期库、热带野生稻圃、番薯种质资源圃共9个项目的建设完善，加快品种改良以及加强种质资源的保护与利用，实现种质资源圃、繁育基地改造升级。

五、瓜菜作物工程

通过省级瓜菜良种繁育基地、嫁接苗生产基地、瓜菜良种繁育基地、瓜菜集约化育苗中心、省级瓜菜品种试验区域站、瓜菜新品种引进示范场、瓜菜作物资源库共7个项目的建设完善，推动品种改良，加强对种质资源的收集与保存，促进瓜菜作物种质资源库、种苗嫁接及繁育基地改造升级。

六、热带果树工程

通过热带果树良种种苗繁育基地、农业农村部菠萝蜜种质资源圃、农业农村部杧果种质资源圃、海南原生荔枝种质资源圃、海南优稀果树资源圃共5个项目的建设完善，实现热带果树繁育基地、种质资源圃的改造升级，促进品种改良，以及对种质资源的收集与保存。

七、热带经济作物工程

通过热带经济作物良种苗木繁育基地、国家橡胶树种质资源圃、国家木薯种质资源圃、国家热带棕榈种质资源圃、农业农村部椰子种质资源圃、农业农村部腰果种质资源圃、农业农村部槟榔种质资源圃、农业农村部热带香料饮料种质资源圃、农业农村部油棕种质资源圃、农业农村部南药种质资源圃、热带代用茶种质资源圃、油茶种质资源圃共12个项目的建设完善，推进热带经济作物种质资源圃、种苗嫁接及繁育基地的改造升级，实现品种改良，并加强种质资源的收集与保存。

八、救灾备荒工程

通过省级救灾备荒种子储备建立完善，重点储备水稻、瓜菜为主的大宗作物种子，保障灾后恢复生产和市场调剂。

九、培育现代种业龙头企业工程

通过培育省级种业龙头企业项目，充分发挥市场在种业资源配置的决定性作用，突出企业的主体地位。

十、市场流通和品牌建设工程

通过建立覆盖生产、加工、流通各环节的种子质量可追溯系统、种业品牌共2个项目的建设完善，发挥种业市场聚集效应，引导企业建立新品种示范网络，强化种子市场流通体系建设和提升种业品牌建设。

十一、种业监管和试验鉴定工程

通过抗性鉴定站、省级种子质量检测中心2个项目的建设完善，加强种业质量管理，对海南省农作物种子（苗）进行试验、检测、鉴定及示范，形成覆盖不同生态区的农作物品种监管和试验鉴定体系。

本章小结

本章介绍了海南省种业发展的指标体系，包括科技能力、供种保障能力、企业竞争能力、市场监管能力4个方面，对未来海南省种业发展的主要目标进行了量化。进一步明确了为保障目标实施的具体内容，加快提升种业科技创新能力、供种保障能力、种子企业市场竞争能力和市场监管能力，形成以产业发展为主导、企业为主体、基地为依托、产学研相结合和“育繁推一体化”的现代农作物种业体系。根据海南省农业资源禀赋条件和未来保障国家农产品供给安全的需要，结合海南优势和特色，按品种对海南省粮食作物、经济作物等种业区域布局进行合理规划；根据重点内容和区域布局设计重点项目，更加具体地规划海南省种业发展的路径。

第九章
对策建议及路径选择

第一节　现代农作物种业发展对策建议

种子产业发展问题，既关乎民族种业的生死存亡，也关系到国家种子产业安全，进而影响国家粮食安全保障，中国的种业发展要从政府、企业、科研机构、中介组织多层面同步发展，才能切实提升中国种子产业竞争力。南繁被视为海南农业对国家的三大贡献之一，是我国现代农业发展的抓手。南繁基地被称为“中国农业科技硅谷”“绿色硅谷”“种子硅谷”。粮安天下，种定乾坤，南繁制种关系到国家粮食安全。每年有700多家单位到海南育制种，几乎包括了全国的育制种单位。因此，笔者通过调查和走访在南繁从事育制种的单位和注册在海南的种子企业，针对共性问题，提出在海南建设自贸港背景下提升农作物种业发展的对策建议。

一、优化资源配置，促进金融、税收等优惠政策继续向种业倾斜

首先，政府管理部门应加强与种子企业之间的沟通交流，逐步建立起完善的政企交流机制。政府部门应及时掌握种业发展现状，全面了解种业自身建设与市场开拓需求，立足种业发展需求，全面引导种业发展。

其次，要继续优化资源配置。政府部门要逐步引导人才、资本、土地等资源向种子企业过渡，逐步建立起以企业为主体，政府为纽带，科研院所为支撑的种业资源配置机制。

最后，要继续加大对种业发展的支持力度。政府相关管理部门应协调好，继续在科技创新、投资研发、资产租赁购买、企业经营所得税及营业税等方面给予种业强有力的优惠政策支持。对于开拓海外市场中规模大、声誉好和市场效益好的种子企业，考虑开辟种子和技术输出绿色通道，减少行政

审批环节、实行出口退税或免税优惠，促进种子企业更好的发展。加强与种子企业的信息沟通交流，促进种企与科研单位之间的资源共享，按照市场化要求加快对高产优质品种的培育，不断提高产品竞争力。加快“南繁硅谷”平台建设，由政府牵头，集中我国现有种子企业、人才、遗传材料等资源，促进种业资源在平台间合理流动，促进产学研有力结合。

二、继续推进规模化种子企业

近年来，国家出台多项政策支持种业发展，育种资源得以有效整合。我国种子企业也由 2010 年的 8 700家减少为 2018 年的 3 421家，下降幅度为60.7%，但相比于美国全国范围内只有 300 多家种子企业的情况，我国种业公司仍表现“散、小、弱”的特征。海南种子企业虽然数量不多，但充分体现以上特征，具体体现：①种子企业分散，缺少大型龙头企业；②资源尚未有效集中，导致种子企业在育种能力上仍显不足；③种子企业经营模式落后，资本积累不足，技术的商业化转化缓慢。种子企业多采用低价位竞争策略，营销观念及技术手段相对落后，不仅造成资源严重浪费，而且导致种子质量不高而缺乏市场竞争力，难以形成以农户为中心的完整产业链条。为了解决当前种子企业“散、小、弱”等问题，应从政策制定、导向引领、扶持力度等方面做足工作，集中优势资源，以期培育规模较大、竞争能力相对较强的种子企业，进而实现资本积累，提升企业竞争能力，促进种业健康发展。

三、强化种子企业育种主体地位

发达国家主要采用以企业为研发主体的商业化育种模式，而我国仍处于以科研院所育种为主，种子企业研发为辅的多点、多层次研发状态，种业创新发展能力不强，海南种业发展也存在同样的共性问题。

首先，应进一步改善因技术和设备落后而出现的研发能力不足问题。我国粮食种子主要以杂交方式育种为主，需要较为精准的设备和成熟的繁育技术作支撑，而科研院所因只出售品种的经营权而放弃种子销售和推广环节中的巨大利润，有限的收入使得他们无力更换先进的技术设备，先进技术更无法有效应用，导致虽有大量研究成果产出但转化水平仍较低，既浪费繁育资源，又不利于技术创新和成果转化。

其次，应进一步加大种子企业研发经费、加强市场竞争能力。我国种业研发投入仅占经营收入的 2%左右，很多国际种业巨头占比达到 10%以上。

种业科研过程需要充足的资金投入，而海南省种业育种研发投入与国内知名企业存在较大差距，与发达国家相比，更显捉襟见肘。很多种子企业为节省科研成本，在育种单位品种申请阶段就出资购买了申请权的现象较为普遍，很多自家经营销售的品种也并非自己研发所得，究其原因还是企业规模小、资金实力不够。为此，应积极增加资金投入，确保产品更新换代，除依靠合作双方资金投入和政府财政支持外，还可通过吸引风投、相关企业资本注入等方式增加研发投入，强化企业间协作共同发展。政府还应制定出台相应的激励政策，予以一定的政策倾斜，全面深化种子企业与科研院所的合作，进一步促成新品种的研发与转化，稳固参与主体之间的合作关系。政府为种子企业自主研发及产品推广提供政策及资金支持，明确种子企业作为研发主体的地位与作用，激发其内在的科研积极性，促进种业可持续发展。

最后，应逐步建立健全种业研发培育推广体系。目前，海南省乃至全国农作物种子市场集中度不高，几乎处于自由竞争阶段，由于没有技术创新的绝对优势和领导力，因此没有形成具备强大垄断竞争力的引领型种业巨头。长久以来，重产量及传统育种技术，轻种子品质及相应技术创新，这也间接导致了海南省种业竞争力不强问题的出现。面对此种境况，海南省还应加快建立全面的科研信息库，完善对优良种质资源性状的收集，不断提高科研经费投入，提升种子企业的高品质、高性状品种的培育能力。

四、加强知识产权保护，提高自主知识产权保护能力

一是要支持和鼓励国内育种者申请国外知识产权。加快科研育种步伐，申请知识产权保护。加快科研育种步伐，促进育种技术的产业化运作，是提升种业竞争力的基础与关键。优良品种是种子产业发展的动力源泉，是种子产业资源合理配置和结构优化的前提条件。必须高度重视科研育种的投入、研究和开发。同时，在知识产权保护国际化的趋势下，中国应加紧完善植物新品种保护体系，加强对育种单位和个人进行新品种保护知识的宣传与普及，加大新品种保护的数量和范围。同时，科研育种实力强的种业单位可考虑在国外申请保护，为种业科技“走出去”战略打下坚实的法律基础。知识产权的海外部署，是实现种子市场海外扩张的重要保障。为了将技术优势延伸到国外，在激烈的国际种子市场竞争中掌握主动权，加速品种权走出国门，到他国申请品种权和农业技术专利已成为主要发达国家的重要海外战略。目前，国内种子企业战略性利用知识产权的能力还十分有限，特别是利用知识产权进行超前部署、战略性占领世界种子市场的能力和意识都非常薄

弱。因此，政府应采取财政支持和信息咨询等综合措施，扶持中国育种者申请国外品种权，为中国种业走出国门做好准备。

二是正确认识跨国种业巨头进入的利弊，充分利用“技术溢出效应”。技术溢出理论认为，外国直接投资可以通过示范、传播和竞争等途径对东道国产生技术溢出效应，从而引起当地技术和生产力的进步。资本流动往往搭载着技术、知识、管理、观念、人才、品牌、市场等要素，吸收外资和集成全球优势等“一揽子要素”。实践经验表明，外资进入中国种业市场，除去资本逐利本性的目标以外，同样也在服务和推进中国种业及农业发展。外资进入给中国种业带来了先进的生产、经营和管理技术，加速了种业市场化进程、加速了种业法制化进程、加速了传统种业向现代化种业的转变，并且跨国种业在农作物育种方向上发挥了特殊的“领航”作用，这也是中国种业自身难以望其项背的。我们应正确认识跨国种业巨头进入的利弊，充分利用“技术溢出效应”，尽快缩小与他国公司的差距。

三是要加强国外种质资源引进工作。中国的国外引种历史悠久，目前栽培的600种作物中约有半数由国外引进。海南建设全球动植物种质资源引进中转基地，为种业国际交流搭建了的平台。企业可通过对外农业交流与合作项目，搜集中国急需的农作物种质资源，有针对性地进行种质资源引进和交换，改变当前中国育种创新原地踏步的现状，提高作物育种的效果和效率。

四是提高自主知识产权创造能力。随着知识经济的不断发展和深化，自主知识产权已经成为衡量企业核心竞争力的重要指标。种子企业要提高知识产权创造能力，首先要营造出尊重人才、尊重知识、尊重创造、崇尚科学的氛围和工作环境；其次，要进一步加大科研育种创新投入力度，进一步提升自主创新能力，在科研育种原始创新、品种选育与物理学、化学、生态学、农艺栽培学等多学科、多领域的新技术、新工艺、新方法广泛结合形成的集成创新和引进消化吸收再创新三方面取得创新成果；最后，要制定有效的知识产权激励措施，激励员工的创新积极性，鼓励员工创造更多的自主知识产权。

五是要建立种业知识产权联盟。由于市场竞争的激烈和侵权现象的多样化，仅靠单个企业或权利人的力量维权难以奏效。因此，种子企业可以联合相关权利人组成行业知识产权保护协会或联盟，以团体的力量来维护自己的合法权益。例如，可以采取发达国家企业的通行做法，在中国的超级稻、转基因抗虫棉等具有国际领先优势的领域建立知识产权联盟，增强中国种子企业共同抵御和进攻国外知识产权壁垒的能力。

五、加强科研和管理人才储备工作

在科研和人才储备等方面，跨国种子企业具有先进的经验和方式，他们不惜花重金在全球范围内吸纳科研人才和管理人才，一方面是不断构建种子企业内部整体结构的“软环境”，另一方面是为种子企业高速发展及向外兼并扩张打造“硬环境”。科研人才是关键创新技术研发的主体，管理人才可以更好地进行组织生产、促进营销等活动，两类人才共同发挥应有作用，才能协调推动种子企业做大做强。因此，海南省种子企业也应该有计划地进行双向培养，通过与科研院所的通力合作，吸引技术研发人员和管理人员，并为其提供优厚的薪资待遇、职级晋升及后续培养机会，为企业长远发展提供动力保障。留住优秀的人才，充分发挥其优势和作用，才能使种子企业做到积累与创新，并且在激烈的行业竞争中站稳脚跟，促进海南省种业良性循环，不断提升自身竞争实力。

六、建立种质资源保护共享体系

自我国农业保险顺利开展试点工作以来，农业保险得到了快速发展。通过政策性、商业性保险的两轮驱动，着力推动农业保险“提标、扩面、增品”，有效发挥其风险分散的功能，促使农业生产经营转型升级。海南在建设自贸港背景下，建设全球动植物种质资源引进中转基地，这对于我国种业的创新发展具有良好的促进作用，因此，海南在推动种子企业发挥商业化育种主体作用的基础上，政府应适当增加基础性公益性科技研发投入，支持科研机构或高校开展优质种质资源的常规育种理论及技术方法的创新研究，做好优质种质资源的保护、分类、改良与试验等相关工作，建立国内统一标准的种质资源共享模式体系，实现优秀种子商品信息能够跨区域、跨地界的交流与分享。充分借助大数据、“互联网+”等互联网信息技术平台优势，促进行业内信息快速整合与高效利用。积极拓展科研院所与种子企业间的相互合作，探索和推动种质资源扩增计划的实施，促进种质资源的深度开发利用。政府等相关执法部门要认真履行职责，对于一些具有仿造、伪冒、劣质种子生产等行为的销售主体应立即按照相关法律法规依法从严查处，吊销其生产、营运资质，切实保护消费者的合法权益，营造健康发展、良性竞争的优良种业环境。

七、进一步推动种业对外开放

在确保国家种业安全的基础上，加大种业对外开放，促进种业健康发展。

首先，要遵守国家种业对外开放各项政策。按照《国务院关于积极有效利用外资推动经济高质量发展若干措施的通知》（国发〔2018〕19号）和国家发展改革委、商务部发布《外商投资准入特别管理措施（负面清单）（2018年版）》、《自由贸易试验区外商投资准入特别管理措施（负面清单）（2018年版）》的要求，必须坚持禁止投资中国稀有和特有的珍贵优良品种的研发、养殖、种植以及相关繁殖材料的生产（包括种植业、畜牧业、水产业的优良基因）；禁止投资农作物、种畜禽、水产苗种转基因品种选育及其转基因种子（苗）生产。种植业领域的稻、大豆现阶段仍属禁止外商投资领域。

其次，根据自贸港建设，修订相关法律法规规章，建立健全监测与预警机制。完善特色作物种子种苗质量标准，解决种子（苗）检疫、检测存在短板。建立健全各级种业信息监测与安全预警机制，设立国家、省、市（县）种业信息监测网点，畅通自上而下和自下而上涉及种业信息。

再次，继续实施种企兼并重组国家战略，制定鼓励企业重组相关支持政策，做强做优民族种业，快速提升种企竞争力。

最后，加强品种资源引进、研究、开发与利用。设立国家品种资源项目，加快突破性新品种选育；设立种业发展与政策理论研究项目，深入开展种业发展研究与剖析，夯实种业发展理论基础，科学指导种业健康、可持续发展。

第二节　海南省现代种业可持续发展的现实路径选择

一、海南农作物种业取得的主要成效

1. 打造“南繁硅谷”，提升农作物种业发展水平

为深入贯彻落实习近平总书记2018年在海南南繁科研育种基地考察时的指示精神和《国家南繁科研育种基地（海南）建设规划（2015—2025年）》，加快推进国家南繁科研育种基地建设，在国家南繁工作领导小组和海南省委省政府的统一领导下，南繁种业工作取得了显著成效。

（1）核定南繁科研育种保护区，实行用途管制。在三亚、陵水、乐东 3 个市（县）划定了南繁科研育种保护区 26.8 万亩，其中三亚市 10 万亩、乐东县 8.8 万亩，陵水县 8 万亩，保护区中含核心区 5.3 万亩，予以重点保护，实行用途管制。

（2）推进全球动植物种质资源引进中转基地建设，打造“南繁硅谷”品牌。全球动植物种质资源引进中转基地建设作为“南繁硅谷”的又一重要载体，已编制《全球动植物种质资源引进中转基地产业规划》，明确了中转基地建设起步区，现已收集 70 余家科研机构、企业单位的入驻意向信息，明确高级别生物安全实验室等项目作为首批重点项目。

（3）重视招商引资，集聚多个国内外种业创新资源。加强开展国内外重点种子企业招商工作，先后与隆平高科、中信农业、中种集团、先正达、正大集团等大型种子企业对接，争取多家龙头企业进驻南繁科技城，形成种业科技产业链，共同构建种业科技创新平台。

（4）南繁规模不断扩大，育种品类范围不断拓展。目前，共有来自全国 29 个省（区、市）超过 700 家农业科研院所、大专院校、技术推广及种业机构近 7 000名科技人员从事南繁工作。南繁作物种类由过去的以粮食作物为主，正在向棉麻、油料、薯类、水果、蔬菜、花卉、药材、林木以及水产养殖等领域拓展，覆盖植物达 130 多种，淡水和海水产、动物畜禽也陆续加入，有超过 100 万份以上的动植物材料及品种进入南繁区，涉及农林牧渔等多个领域。

（5）南繁种业科研成果不断涌现，科技带动效应不断增强。通过南繁，我国主要农作物完成了 6~7 次更新换代，每次品种更新增产幅度都在 10%以上。主要农作物国审品种有 1 345个出自南繁，占总数的 86%；省级审定的 12 599个品种，育自南繁的占 91%。南繁已成为我国农作物育种应用研究与基础研究重要基地。现在的南繁已由过去的加代繁育为主，向科研育种、制种繁种、应急种子生产、纯度鉴定和生物育种研究等多功能转变。近年来，南繁育制种面积保持在 20 多万亩，科研育种面积与 80 年代初期相比翻了两番。与此同时，南繁成果本地转化率也在逐步提高，带动了当地农业产业化发展。目前，冬季瓜菜品种 90%以上为南繁相关单位成果。

（6）加大南繁作物检疫工作力度，强化转基因安全监管。共完成了 519 家南繁单位、33 种粮食和蔬菜作物、约 27.3 万亩南繁作物的产地检疫任务，共计签发《产地检疫合格证》1 036份。扩大农业转基因抽检覆盖面积和农作物种类，不断加大南繁基地农业转基因安全执法力度，及时严肃处理转基因违规案件。

2. 整合力量，加强种质资源收集保存

海南是全国热区作物种质资源的大宝库。通过整合力量，对热区种质资源调查、收集保存，目前调查发现海南野生稻居群150个，先后从境外、省外等地共收集32 680多份种质资源，入圃保存29 680多份；已完成对19个大宗农作物种质资源圃的资源编目，其中国家级种质资源圃3个，部级种质资源圃4个，其他种质资源圃14个，涉及农作物20多个科34个属。

（1）开展种质资源普查收集和鉴定，系统了解海南资源类别。2017年起全省开展“第三次全国农作物种质资源普查与收集行动”，收集农作物种质资源1 084份，其中有效资源920份，鉴定资源503份（表9-1），送交国家级种质资源圃（库）资源168份，发现野生花卉新种3个，发表中国新记录种45个、海南新记录属5个和海南新记录种31个，还发现海南野生稻居群150个，其中普通野生稻140个，疣粒野生稻7个，药用野生稻3个。此次收集了一些特色种质资源，如毛桃、山栏稻、尖蜜拉、油茶、谷子、花生、芝麻、紫扁豆、菜豆、小狗豆、地方南瓜等，其中海南毛桃，被列为本次普查十大重要成果之一，该资源的发现将毛桃种植区南移到北纬19°，证实了海南可以种植部分北方落叶果树，为海南热区种植北方果树提供参考依据。

表9-1 海南农作物种质资源鉴定种类和数量

作物类别	资源类型	鉴定份数
粮食	稻	52
	大豆	15
	红豆	4
	芝麻	7
	花生	14
	高粱	10
	谷子	7
	芋头	16
	大薯、毛薯	23
	甘薯	40
	木豆	7
	玉米	4
	薏米	13
	木薯	11
瓜菜	小扁豆	4
	小叶雷公青	1
	野生豆	3
	扁豆	16
	豆薯	2
	海边豆	1
	狗爪豆	1
	菜豆	3
	四棱豆	2
	蛇瓜	5
	豇豆	38
	茄子	25
	辣椒	19
	冬瓜	1
	苦瓜	1
	丝瓜	5
	南瓜	2
	黄瓜	2
	籽瓜	2

（续表）

作物类别	资源类型	鉴定份数	作物类别	资源类型	鉴定份数
果树	菠萝蜜	24	果树	椰子	4
	芭蕉	17		凤梨	1
	桃金娘	5		阳桃	1
	紫玉盘	2		金橘	1
	番木瓜	8		槟榔	9
	柑橘	2		荔枝	10
	火龙果	4		山小橘	1
	腰果	2		杧果属	1
	龙眼	1		杧果属	1
	蒲桃属	1		山胡椒	1
	蒲桃属	1		柑橘	1
	滑桃树	1		山油柑	1
	苹婆	1		西番莲	1
	酒饼簕	1	园艺和经济作物	文昌锥	8
	紫金牛	1		油茶	10
	暗罗	1		木薯	5
	黄皮	11		桑	5
	榕	5			

（2）建设国家和省级农作物种质资源圃，提升资源保护水平。目前，海南建有国家级和省级单位农作物种质资源中期库，保存农作物种质资源1 005份。依托中国热带农业科学院已建成橡胶树、油棕、木薯、牧草、热带香料饮料、杧果、腰果、椰子、胡椒、菠萝蜜、热带药用植物等国家圃或农业农村部资源圃 10 个，其中国家圃 5 个，分布在儋州、文昌和万宁；农业农村部热带特色农作物种质资源圃 6 个，主要分布在儋州、文昌、乐东、万宁，依托海南大学建成薯蓣种质资源圃 1 个。目前在海南建有的国家和农业农村部种质资源圃总面积 2 288亩，共保存选育品种、地方品种和野生资源等种质资源 23 593 份（表 9-2），其中国家橡胶树种质资源圃中野生资源占圃比例较高，达 94%；农业农村部杧果种质资源圃保存有 6 个种 320 份种质资源，国外引进 200 多份，国内则主要从海南、广西、云南等省区引进了龙井大芒、文昌白玉、紫花芒、红象牙芒、海豹芒、五公祠芒、桂热 10 号和小鸡芒地方品种 100 多份。

表 9-2　2018 年海南省农作物种质资源建圃保存情况

种质资源圃名称	依托单位	保存地点	面积（亩）	保存数量（份）	作物种类
国家种质资源热带作物中期保存库	中国热带农业科学院热带作物品种资源研究所	儋州	4.875	1 005	木薯、水稻、橡胶树、热带牧草等热带作物
国家橡胶树种质资源圃	中国热带农业科学院橡胶研究所	儋州	460	6 075	橡胶树
国家儋州热带牧草种质资源圃	中国热带农业科学院热带作物品种资源研究所	儋州	150	9 000	豆科、禾本科等热带牧草
国家儋州木薯种质资源圃	中国热带农业科学院热带作物品种资源研究所	儋州	103	3 000	木薯
国家热带棕榈种质资源圃	中国热带农业科学院椰子研究所	文昌	500	1 000	椰子、油棕、槟榔、椰枣，特色经济棕榈等
国家热带香料饮料作物种质资源圃	中国热带农业科学院香料饮料研究所	万宁	150	1 000	香草兰、胡椒、咖啡、可可、苦丁茶、八角、肉桂等
农业农村部儋州油棕种质资源圃	中国热带农业科学院橡胶研究所	儋州	600	318	油棕
农业农村部儋州热带药用植物种质资源圃	中国热带农业科学院热带作物品种资源研究所	儋州	110	2 000	槟榔、益智、砂仁、巴戟天、草豆蔻、姜黄、艳山姜、萝芙木、诃子、艾纳香、牛大力、白木香等热带药用植物
农业农村部文昌椰子种质资源圃	中国热带农业科学院椰子研究所	文昌	75	180	椰子
农业农村部万宁胡椒种质资源圃	中国热带农业科学院香料饮料研究所	万宁	20	300	胡椒
农业农村部儋州杧果种质资源圃	中国热带农业科学院热带作物品种资源研究所	儋州	70	320	杧果
农业农村部腰果种质资源圃	中国热带农业科学院热带作物品种资源研究所	乐东	50	400	腰果
薯蓣种质资源圃	海南大学热带作物学院	儋州	100	807	淮山、大薯、毛薯、白薯、刺薯等
热带花卉种质资源圃	中国热带农业科学院热带作物品种资源研究所	儋州	150	15 000	三角梅、鹤蕉、朱瑾、兰花、红掌、鸡蛋花、姜荷花、睡莲等
海南省三亚热带兰花种质资源库	三亚市林业院	三亚	50	3 000	兰花
兰花资源圃	海南柏盈兰花产业开发有限公司	海口	2.5	1 500	兰花
兰花资源圃	乐东柏利生物技术有限公司	乐东	1.2	2 000	兰花

中国热带农业科学院和海南省农业科学院等单位共有自建圃 14 个，总

面积 808 亩，保存种质资源 11 830份，其中水稻、玉米等粮食作物种质资源共近 3 510份；普通野生稻异位保存圃 1 个，保存 4 173份材料，主要分布在文昌、儋州、澄迈、万宁等市县。中国热带农业科学院热带花卉种质资源圃，目前收集保存热带兰、红掌、三角梅、朱槿、鸡蛋花、鹤蕉、姜荷花等国内外种质资源上万份，活体保存热带花卉种质资源超过 80 科 400 属 2 500 种/品种。中国热带农业科学院已建成柑橘（橘、橙、柚、柠檬）、荔枝、菠萝、香蕉等种质资源保存圃，收集保存了一批国内外优质的热带果树种质资源。柑橘种质资源圃保存有脱毒的优良柑橘种质资源 23 种 200 多份，品种有普通甜橙、脐橙、血橙、杂柑类、柚类、柠檬、佛手等。菠萝种质资源圃保存 150 份种质资源，其中国内主要从台湾、广东等地收集广西、云南台农系列品种西瓜菠萝、手撕菠萝、Josapine 等品种。海南是荔枝原产地之一，野生、实生荔枝资源丰富，是荔枝遗传多样性最丰富的地区之一，目前观察记录优异和特异资源 500 多份，荔枝种质资源圃收集保存入圃 209 份，其中包括霸王岭、尖峰岭、吊罗山等地采集的野生荔枝资源 11 份，海口、定安等地收集的优异半野生荔枝资源 185 份，儋州、白沙、琼中等地收集的古树种质资源 8 份以及育成品种 5 份。

（3）加强了野生植物资源的原生境保护和异位保存。抢救性保护各市县当地的地方品种，建设了 8 个农业野生植物原生境保护点，分别是野生荔枝（海口市）、普通野生稻（文昌市、琼海市、儋州市、万宁市和陵水县）、药用野生稻（陵水县）和疣粒野生稻和海南韶子（保亭县），其中琼海、万宁和陵水 3 个普通野生稻原生境保护点属湿地保护点，并建设普通野生稻异位保存圃 1 个。

3. 扩大农作物良种种植面积，助力种业良性发展

（1）粮食作物良种覆盖率增加，制种产业不断壮大。海南粮食等大宗传统农作物主要有水稻、甘薯、玉米、花生和甘蔗，2018 年全省推广情况：①水稻 369. 15 万亩，占海南省农作物总种植面积的 34. 5%，用种量约 575. 52 万 kg，良种覆盖率 95%，推广 10 万亩以上的水稻品种有 4 个，推广 1 万亩以上的水稻品种有 61 个，其中 80%是省外引进品种；②甘薯种植 51. 08 万亩，良种覆盖率 37%，推广 5 万亩以上的甘薯品种有 1 个，推广 1 万亩以上的甘薯品种有 9 个，其中 40%是省外引进品种；③鲜食玉米种植面积 22. 79 万亩，良种覆盖率 95%以上。播种面积超万亩的品种有 5 个，约 80%是省外引进品种；④花生种植面积 45. 87 万亩，良种覆盖率 80%，80%是省外引进品种；⑤甘蔗种植 31. 15 万亩，其中糖蔗种植 28. 14 万亩，100%

是省外引进品种；⑥毛豆种植面积14万亩，良种覆盖率100%，全是省外引进品种；⑦其他粮食作物包括芋头、木薯、淮山等种植面积9万亩(表9-3)。

表9-3 2018年海南省传统农作物推广情况

种类	种植面积（万亩）	良种覆盖率（%）	主栽品种
水稻	369.15	95	特优128、特优009、特优458、特优3301、特优138、特优248、特优368、特优7166、特优1658、特优506、特优359、特优209、特优2068、博Ⅱ优767、博Ⅱ优629、博Ⅱ优1586、博Ⅱ优1618、博Ⅱ优235、博Ⅱ优3050、博Ⅱ优33、博Ⅱ优339、博Ⅱ优901、博Ⅱ优938、博Ⅱ优312、博Ⅱ优978、博Ⅱ优316、博Ⅱ优177、博Ⅱ优15、博优225、博优华占、深两优5814、科选13、华优329、谷优3301、双青优2008、合丰占、天目19号、桂矮占、谷优629、祺Ⅰ优366、天优3301、谷优1263、恒丰优5522、恒丰优929、吉丰优5618、吉丰优102、金博优168、万金优366、万金优802、万两香优1号、永丰优华占、中种稻288、特籼占25、红泰优589、三澳占
甘薯	51.08	37	小叶仔、高系14号、红心、紫心、汉产秋、心香、西瓜红、烟25、三角宁、名门金时、安纳、琼海赤、野脚、黑心肝、香薯、高原一号、沙捞越、鸭脚Ⅱ、山川紫
玉米	22.79	95	白如玉、白金玉、加甜11号、美玉9号、广良甜27号、丰硕238、夏王、甜丰6号、金美珍、燕丰8号、晶甜3号、美玉糯16、美玉糯13、美糯2000香糯玉米、赣新黄糯玉米、赣新花糯二号、赣新花糯一号、华甜8号、海亚糯2000、正韩918、万糯一号
花生	45.87	80	本地红仁、本地白仁、汕油27号、汕油71、奥油5号、奥油7号、湛油12-1、珍珠红，粤油256(白)、红米
甘蔗	31.15	100	新台糖22号、粤糖93-15p
毛豆	14.00	100	交大09-5、辽04M05-4、K丰77-1、K丰77-2、莱大豆3号、交大10、南农鲜食-98、浙98010、浙98015
其他（芋头、淮山、毛薯等）	8.94		
合计	542.98		

全省粮食作物制种主要是杂交水稻。杂交水稻年均制种总面积30.37万亩，以早造制种为主，年均制种6.25万t，其中3万~5万亩为省内自制，

其他均为省外代制。杂交水稻制种市（县）主要有乐东、东方、临高、陵水、昌江；乐东年平均制种面积是 20 万亩；东方年均制种面积 6.54 万亩；临高年均制种面积 2.74 万亩；陵水年均制种面积 0.63 万亩；昌江年均制种面积 0.46 万亩。海南省杂交玉米年均制种面积 2.98 万亩，年均制种 525 万 kg。

（2）引种外来良种，稳定瓜菜有效供给。海南省作为冬季主要的瓜菜生产基地，种植的瓜菜品种主要是外来引进的品种，包括茄果类、瓜类（菜用瓜类和果用瓜类）、豆类和其他类蔬菜。2018 年，瓜菜作物总种植面积 435.57 万亩，其中茄果类 78.28 万亩、瓜类 71.61 万亩、豆类 42.78 万亩、其他类蔬菜 242.90 万亩（表 9-4）。

表 9-4　2018 年海南省冬季瓜菜种植推广品种情况

种类	种植面积（万亩）	推广品种
茄果类	78.28	长丰 2 号长茄、千禧樱桃番茄、尖椒（奥运大椒、海椒 109、螺丝椒）、泡椒（秀丽、洛椒 98A）、圆椒（中椒 105、天成八号）、红尖椒（美红朝天椒、艳红）、线椒（辣丰 3 号、红秀 2003）、彩色甜椒（红英达）、辣椒（坛坛香 3 号、热辣 6 号、金源一号）等
瓜类	71.61	黑皮冬瓜（桂蔬一号、三水黑皮冬瓜、琼农黑皮冬瓜）、节瓜（粤农节瓜）、黄瓜（津优 1 号、津优 2 号）、大顶苦瓜（翠绿、农家乐）、长身苦瓜（丰绿 1 号、玉绿苦瓜、热研 3 号、海研 2 号）、丝瓜（科勤 13 号）、南瓜（金船密本、红升 603）；无籽西瓜（农优新一号、蜜童）、有籽西瓜（黑美人、早佳 8424）；甜瓜（西州蜜 17 号、西州蜜 25 号）、瓠子瓜（彩迪莆瓜、杭州瓠子瓜）等
豆类	42.78	长豆角（华赣、丰产 2 号油青豆角）、菜豆（12 号白玉豆、双青 35 号）、豇豆（海豇 1 号、海豇 2 号）等
其他类蔬菜	242.90	抗热五号白菜、黑金刚、上海青、暑翠菜心、柳叶空心菜、桂淮七号等

（3）提升良种种植面积，保障热带果盘子可持续供应。海南省热带果树主要种类有杧果、香蕉、荔枝、菠萝、柑橘、龙眼等。2018 年热带水果总种植面积 251 万亩，其中，杧果种植面积 81.69 万亩，良种覆盖率 80%；香蕉种植面积 51.58 万亩，良种覆盖率 95%；荔枝种植面积 31.14 万亩，良种覆盖率 80%；菠萝种植面积 24.56 万亩，良种覆盖率 90%；柑橘种植面积 18.27 万亩，良种覆盖率 50%；龙眼种植面积 12.85 万亩，良种覆盖率 85%；其他热带果树种植面积 30.91 万亩（表 9-5）。

表 9-5　2018 年海南省主要热带果树种植推广品种情况

种类	种植面积（万亩）	推广品种
杧果	81.69	贵妃、金煌、凯特、小台芒、象牙等
香蕉	51.58	南天黄、宝岛蕉等
荔枝	31.14	妃子笑、无核荔枝等
菠萝	24.56	Soft-touch、OK-2、维多利亚、金菠萝、红皮菠萝等
柑橘	18.27	红江橙、三红蜜柚、水晶蜜柚、北京柠檬、香水柠檬等
龙眼	12.85	石硖龙眼、储良龙眼等

（4）品种结构优化，热带经济作物良种比例增大。海南省种植热带经济作物主要有橡胶、椰子、胡椒、咖啡、槟榔、木薯、南药等。2018 年热带经济作物总种植面积 1 107.1万亩，其中天然橡胶 792.53 万亩、椰子 51.59 万亩、胡椒 33.48 万亩、咖啡 1.14 万亩、木薯 17.16 万亩、南药 220 万亩（其中槟榔 164.93 万亩、益智 17.8 万亩、草豆蔻 12 万亩、白木香 10 万亩、牛大力 5 万亩、砂仁 0.4 万亩）以及其他 1.07 万亩（表 9-6）。截至 2018 年年底，通过对热带经济作物品种结构的不断优化，良种覆盖率稳定在 80%以上。

表 9-6　2018 年海南省热带经济作物推广情况

种类	种植面积（万亩）	主栽品种
橡胶	792.53	热研 7-33-97、RRIM600、PR107、热研 72059 等
椰子	51.59	文椰 2 号、文椰 3 号、文椰 4 号等
胡椒	33.48	印尼大叶种等
咖啡	1.14	S288、德热 28 等
木薯	17.16	SC5、SC6、SC8、SC9、SC12、SC13 等
南药（槟榔、益智除外）	37.50	牛大力、草豆蔻、白木香、砂仁、裸花紫珠、海巴戟、姜黄、鳄嘴花、胆木、莪术等
槟榔	164.93	热研 1 号等
益智	17.80	琼中 1 号
热带花卉	15.30	三角梅、兰花、绿萝、菊花、凤梨、散尾葵、巴西铁、凤凰木、火焰树、睡莲等
其他	1.07	剑麻

4. 构建种子管理与检测推广技术体系，为种业发展保驾护航

（1）完善种业管理机构，强化各级管理职能。建立了由“省级农业农村厅种业管理处和省种子总站监管，市县级种子站协管”的较为完善的种业管理机构，其中省级机构为海南省农业农村厅种业管理处以及其下属的海南省种子总站、海南省南繁管理局。省内18个市（县）均设有种子管理机构，其中临高县种子站设在农业局，其余17个市县内均设在农业技术推广服务中心，15家为全额事业单位、3家为参公管理，总从业编制人员54人，平均每市县3人，为海南省农业种业管理提供了较为完整的机构管理体系。

（2）健全种子质量监督检验机构，服务种子种苗质量检测和新品种权申报。建有农业农村部热带作物种子种苗质量监督检验测试中心、农业农村部植物新品种测试（儋州）分中心、海南省三亚市农作物种子质量监督检测分中心、昌江黎族自治县农业技术推广服务中心等种子种苗检测与新品种测试机构，为海南省开展种子种苗质量检测和新品种权申报提供了坚实的技术保障。

（3）构建覆盖全省技术推广服务体系，强化各市县种业推广职能。包括三亚市南繁科学技术研究院，海口市、琼海市、临高县农业技术推广中心以及昌江县热作局等，技术机构较为齐全，人员结构合理，为海南省种业技术推广服务提供了较强的技术保障。

5. 完善种子种苗生产经营主体，培育现代种子企业

据不完全统计，海南省目前拥有不同规模的种子种苗生产单位38家，其中注册资产3 000万元以上的主要农作物种子生产经营许可证持证种子企业有7家，分别为海南广陵高科实业有限公司、海南绿川种苗有限公司、海南南繁种子基地有限公司、海南海亚南繁种业有限公司、海南神农基因科技股份有限公司、海南菠萝企业管理有限公司、海南天道种业有限公司。其中海南神农基因科技股份有限公司为海南省唯一一家“育繁推一体化”和上市企业。海南绿川种苗有限公司是海南真正具备自主研发能力的持证企业，主要研发产品为鲜食糯玉米，生产的玉米种子销售额约占海南种子市场的38%，其余的企业均是以买断品种权、合作和引进等方式开发品种。非主要农作物种子经营许可证企业27家，主要是生产销售鲜食玉米、瓜菜种子种苗等。截至2019年，共有38家种子企业在海南办理生产经营许可证，杂交水稻和杂交玉米年平均制种面积约11万亩，其中3万~5万亩为省内自制，其他均为省外代制。

二、海南省现代农作物种业发展存在主要问题

海南省农作物种业发展虽然取得一定成效，但仍处于较低水平阶段，育种基地配套设施、创新、管理等方面亟待加强，种业发展支持体系不健全，全省科技创新、供种（苗）保障、企业竞争、市场监管薄弱，难以适应现代农业发展要求，主要表现在以下几个方面。

1. 种业市场监管力低，成果权益分配改革未能真正落地

海南省的市县级种业管理机构设置存在职责不清、分工不明现象；管理机构非法人单位，许多工作不能自主；管理手段落后，从业人员学历偏低，年龄老化、素质不高，办公和工作设备等基础设施落后；无行政执法权，很难取得当事人配合，种子（种苗）市场监管涉及的农业、工商、技术质量监督等多个部门，执法交叉、职能不清，而市县级农业综合执法部门专业水平有限，在发生种子（种苗）质量案件纠纷时，经常出现相互推诿现象；种苗来源混乱，种性描述没有法规可循，虚假宣传和造谣信息迷惑市场导向；种子（种苗）经营者文化程度较低，法律、法规意识不强，技术指导服务有时难以到位；大部分市县检测职能属于空白状况；种子（种苗）未审先推、无证生产、抢购套购、套牌侵权和制售假劣种子（种苗）等违法行为时有发生；常规室内检测不能正常开展，缺乏分子标记等分子检测技术。

在推进种业成果权益改革中，海南辖区内国家试点改革单位有中国热带农业科学院，省级试点单位为海南省农业科学院。试点单位均按要求制定了改革试点方案和科技成果转化实施办法，并制定和完善了配套管理制度。但最终，科技人员持股、兼职、收益分配等具体实施细则和措施还未落实到位，成果权益分配改革未能落地，科技人员还未真正看到政策带来的红利，主动实施成果转化与推广应用的积极性不高，主动走出去创新创业尚有诸多顾虑。

2. 南繁科研成果难以就地转化，生物安全监管形势严峻

海南是南繁大省，冬季海南聚集着全国的农业精英，然而南繁科研成果就地转化工作滞后。全国各地的育种家冬季来海南是为了进行育种、加代、鉴定，而不是为了选育适合海南种植的农作物品种，新育成的水稻新品种很难就地在海南推广种植。如国家杂交水稻研究中心、中国水稻所育成的新品种在国内推广应用上千万亩、上亿亩，由于生态区域适应性不同，至今没有一个品种累计在海南推广应用达到10万亩以上。此外，南繁生物安全监管形势严峻，现代物流的快速发展，种子流通渠道日趋多样，以现有检查机

构、监测手段难以做到对进出岛全部南繁种子材料展开全面管控，部分南繁单位不按规定申报检疫，给南繁健康发展带来了一定的安全隐患。

3. 种质资源遗传背景狭窄，资源保护缺乏稳定经费保障

我国热区面积小，大多数重要的热带经济作物本地资源匮乏，遗传基础狭窄，以往收集保存的种质资源主要集中在产业发展急需和生产上大面积推广应用的育成品种为主，而对野生种、近缘野生种、农家品种及其他优异的种质资源收集不足，造成所收集保存的种质资源遗传背景狭窄，多样性不足。以往收集的生态区域主要集中在东南亚和我国台湾，资源的生态区域狭窄；而非洲、美洲和南亚等生态区的资源收集量不够。种质资源引进、保存、评价和创新利用是长期性、基础性工作，缺乏持续稳定的种业科研经费支持，种业科研人员易流失，科研储备薄弱，导致种业对相关产业支撑不足；尤其是海南省地方特色鲜明、经济价值较高、近年来发展迅速的相关产业，如柑橘种业对琼中绿橙、澄迈福橙、青柚、大坡青橘、香水柠檬和黄皮等品种缺乏开展资源收集保存、精准评价、品种退化和适种区域等方面的研究。

4. 公益性种子种苗繁育基础设施薄弱，供种（苗）能力弱

省级农作物品种试验站建设等投资少，如当前海南省级水稻区域试验缺少了代表海南北部生态区域和山区生态区域的试验站，玉米品种区域试验站一直空白。海南当前建立的原生境保护点仅有 8 个，无法满足农业野生植物资源的保护需要；同时因缺乏后续管理资金，保护点的日常维护难以为继；保护点租地、用地、征地困难；存在村委会或当地农民将保护点用地进行开发的风险。

种子种苗生产水平不高。公益性种子种苗繁育基础设施薄弱，抗自然灾害风险能力差。海南农作物种子供给对岛外依赖性较高，30%的水稻种子、50%的玉米种子、80%的瓜菜种子依靠省外调进，瓜菜良种自给率远远低于全国水平，集约化育苗、育秧覆盖率低。缺乏种苗病害检测及高标准无毒优良种苗快速繁育技术。种子储备和应急保障制度不完善，保障种子供应和生产安全的任务艰巨。

5. 育种创新能力弱，特色优质抗病品种缺乏

海南资源创新利用不足，育种进展缓慢，自育品种少且推广率低，如海南大面积推广种植的冬季瓜菜品种不少于 400 个，但 95%的品种为引进品种，推广种植的果树品种 70%也均为引进品种。海南气候高温高湿，病虫为害严重，如柑橘黄龙病、香蕉枯萎病是柑橘和香蕉产业最严重的病害，目前种植的柑橘品种和砧木中尚未发现对柑橘黄龙病有抗性；对香蕉枯萎病抗性的香蕉品种存在抗性丧失、农艺性状差的问题；水稻抗病优质品种稀少，种植户购买水稻品种时缺乏专业机构给予指导，新品种推进缓慢，水稻产量增产乏力。海南各市县都有常规稻、山栏稻、甘薯、花生等地方特色品种，但有些存在产量或抗性的劣势，亟须改良和提纯复壮，打造和带动本地特色产业发展。同时，需要对已有外来引进品种进行品种改良、提高品质、适应海南本地环境。

6. 种子企业竞争力弱，育繁推复合型人才短缺

海南种业发展起步晚，种子种苗生产和经营水平不高，企业研发创新能力弱，尚未建立商业化育种体系，“育繁推一体化”水平较低，竞争力弱。规模大实力强的“育繁推一体化”种子企业寥寥无几，全省注册资产 3 000 万元以上的持证种子企业仅有 7 家，“育繁推一体化”种子企业仅 1 家，大部分的企业基本无自主品种研发能力。

海南 3 732名种业基层技术推广人员中副高级职称以上仅 57 人，占比 1. 5%，大部分种业人才缺乏科技成果转化或市场化二次开发的知识、经验和能力，成果转化与市场供需信息不对称、沟通交流渠道不畅通，难以适应热带特色“王牌”产业发展对人才的需求，并且许多农业技术人员被安排从事行政性、事务性工作，“在编不在岗”、跨岗“兼职”现象严重。基层科技队伍条块分割、科技服务及推广人员游离于农业科技服务推广之外，无法有效地组织或配合相关的技术攻关或推广。

三、海南省现代农作物种业发展路径选择

针对海南省种业发展存在的主要问题以及现实，提出以下种业发展路径选择建议。

1. 构建现代农作物种业发展体系

（1）完善种业管理体系。要建立健全现代种业管理机构，对照其职能职责，配齐配强种业专业人才，逐步构建起农作物种子（种苗）、畜禽、水产种苗等为主体的“大种业”管理体系，做到“有其职责配其人员”，真正能为现代农作物种业的发展提供决策支持和技术保障。

（2）建立种业检测体系。以海南省农业质量检测中心为主体，发挥其设备配置高和人员配置精的优势，开展种子检验检测；各市（县）逐步建立种子检验检测机构，建立健全现代种业检测体系，及时为现代种业发展提供科学依据。

（3）建设种业创新体系。依托中国热带农业科学院、海南大学等，聚集海南省企业的技术力量建立种业创新团队，培育新品种，助推热带特色现代农业产业的提档升级。要以市县主导产业为重点，积极探索建立以政府管理部门为主导、以企业为主体、以产学研为支撑、以市场为导向的现代种业创新体系，培养和引进一批种业骨干人才和科研人才，为现代种业发展提供强势的人力资源和强劲的科技动力。

2. 培育现代农作物种业龙头企业

充分发挥种业发展的基础优势，培育提升一批育种能力比较强、营销网络比较健全、推广服务比较到位的育繁推一体化的本土现代种业龙头企业，引领全省种业发展。

3. 稳定生产基地，提高机械化水平

其一，要通过土地流转，建立长期稳定的、具有一定规模的生产基地；其二，加强基地农田水利等配套设施建设，为种子生产提供有利条件；其三，成立专业的制种公司和制种农民专业合作社，改变农户个人制种的落后局面，通过整合资源，不断提高生产基地的规模化水平，有效降低制种风险，逐步提高基地机械化水平。

4. 规范现代农作物种业发展秩序

（1）严管制种单位。对进入辖区内的制种企业，要认真核查证照是否齐全、是否被许可在本区域内制种、生产品种是否申请登记等事项，从严把好“企业关”。

（2）严格备案管理。要对种子经营代理商提交备案的品种进行严格审查，对符合规定的品种进行登记备案，并公告备案品种，提醒经营者备种时谨慎选择，从严把好“品种关”。

（3）严查种子市场。采用省市县联动、区县交叉的方式，通过进村入户倒查，检查种子的来源、购销发票、经销商名称及联系方式等，推行反追溯种子市场，从严把好“市场关”。通过把好“三关”，营造种业发展良好环境，助推现代种业高质量发展。

5. 提供现代农作物种业发展保障

（1）组织保障。充分发挥推进现代种业发展工作协调组的作用，建立政府行政部门、科研院所和生产单位的常态化沟通协调机制，及时发现产业问题，建立政府、专家和生产者共同参与的现代农作物种业重大问题协同攻关机制。以产业需求为出发点，以专家意见为依据，加强对种业发展方向的引导。各市县制定推进现代种业发展的具体工作方案，明确发展目标，细化工作措施。

（2）管理保障。加强省、市（县）两级种子管理机构和人员队伍建设，建立健全种子管理机构，明确各级种子管理机构工作职能，建立目标考核，保障工作经费，增强依法行政和公共服务能力。建立技术支持和服务体系，提高品种区试审定、质量检验、分子检测、许可监管、信息发布等方面的监管与服务能力。充分发挥种子行业协会在现代种业发展中的协调、服务、维权和自律作用。加强行业服务，开展种子企业信用等级评价，推进海南省种业与国内外种业的交流与合作。强化行业自律，引导种子企业依法生产、守法经营，规范种子企业行为，维护种业市场秩序。

（3）政策保障。各级要加大对现代种业发展的投入，加大对生物育种产业的扶持力度。对符合条件的“育繁推一体化”种子企业的种子生产经营所得列入税收优惠范围；经认定的高新技术种子企业享受有关税收优惠政策；对种子企业兼并重组涉及的资产评估增值、债务重组收益、土地房屋权属转移等，按照国家有关规定给予税收优惠。将水稻种子精选加工、烘干、播种、收获等制种机械纳入农机具购置补贴范围。重启橡胶树良种良苗补贴政策，逐步建立橡胶树种苗国家专营制度。加大对基本农田保护力度，建立约束激励机制，严格落实耕地用途管制制度，金融机构特别是政策性银行要加大对种子收储的信贷支持力度，针对制种育种企业的特殊性，开发新的信贷产品。加大涉农贷款金融机构的财政贴息和风险补偿力度。

（4）制度保障。加快制定和修订现代种业配套法规规章，依法加强种质资源保护，提升育种创新能力，规范种子生产经营，强化种子市场监管，优化种业发展环境。按照国家有关规定，对在现代种业工作中具有突出贡献的单位和个人给予表彰奖励。对不作为、乱作为造成种质资源流失、灭绝等严重后果的，依法依规追究有关单位和人员责任，为深化种业体制改革、促进现代种业持续健康发展提供有力的法治保障。

（5）其他保障。加大现代种业财政投入，重点支持科研育种基地建设和省级龙头种子企业开展商业化育种、育种创新、种子生产加工等能力建设和品种测试和试验、种子（苗）生产、检验检测等基础设施建设，支持种质资源收集保存和精准评价、品种审定登记、种子储备、种子质量管理与服务能力提升，改善农作物品种试验审定、种子质量检测、种业信息服务条件，支持扩大新型种植材料的繁育规模与推广面积。支持种子企业通过兼并、重组、联合、入股等方式集聚资本，支持大型企业通过并购和参股等方式进入现代种业，引导发展潜力大的种子企业上市融资。引导和鼓励种子企业利用金融资本和证券市场，广泛吸纳社会投资，做大做强企业规模。将海南省育制种能力较强、市场占有率较高、经营规模较大的“育繁推一体化”种子企业，纳入上市农业企业资源库，积极搭建银企对接平台，提供“一企一策”服务，力争推动其上市挂牌交易。在种业领域积极推动政策性农业保险工作，利用政策性农业保险为现代种业发展保驾护航。

参考文献

白明祥，2005. 浅议实施品种权保护对种子工作的影响［J］. 种子世界（3）：8-9.

白献晓，薛喜梅，2002. 农业技术创新主体的类型、特征与作用［J］. 中国农业科技（4）：76-78.

陈冠铭，曹兵，刘扬，2018. 国家南繁育制种产业发展战略路径研究［J］. 农业科技管理，37（6）：16-48.

陈冠铭，李劲松，曹兵，2012. 发挥南繁资源优势　促进种业科技创新［J］. 安徽农学通报（1）：27-29.

陈冠铭，李劲松，林亚琼，2012. 国家南繁功能价值与发展机遇研究分析［J］. 种子，31（3）：69-71.

陈合群，2004. 用科学发展观指导种子工作［J］. 种子世界（6）：5.

陈会英，周衍平，2002. 中国农业技术创新问题研究［J］. 农业经济问题（8）：30-38.

陈剑，陆今芳，2001. 基于多智能自主体的企业供应链研究［J］. 计算机集成制造系统（6）：1-5.

陈玛琳，陈俊红，2016. 新形势下北京种业发展的路径研究［J］. 北方园艺（6）：176-180.

陈燕娟，邓岩，2008. 中国种子企业发展路径分析［J］. 北京农业（5）：18-19.

陈永红，周云龙，吕长文，2018. 中国种子企业竞争力现状与特点［J］. 浙江农业科学，59（7）：1077-1081.

陈志兴，戚行江，郑锡良，2004. 种子产业发展创新国际趋势及我国对策［J］. 种子（5）：65-66.

陈志兴，2004. 国际种子产业发展创新趋势及我国的对策［J］. 中国种业（2）：22-30.

成广雷，2009. 国内外种子科学与产业发展比较研究［D］. 泰安：山东农业大学.
戴思锐，1998. 农业技术进步过程中的主体行为分析［J］. 农业技术经济（10）：60-62.
戴跃强，黄祖庆，达庆利，2008. 供应链中一种基于营销创新的合作竞争博弈模型［J］. 系统管理学报（2）：156-166.
邓岩，陈燕娟，2007. 多元化还是专业化——中国种子企业成长模式研究［J］. 中国种业（5）：28.
邓岩，2005. 种子企业发展战略研究——以湖北省种子集团公司为例［D］. 武汉：武汉大学.
董保民，2005. 信息经济学教程［M］. 北京：中国人民大学出版社.
董学锁，王波，陈晓兵，2005. 浅谈种子经营中的服务工作［J］. 种子世界（5）：20.
董照辉，张应禄，刘继芳，等，2010. 我国南繁基地建设问题的探讨与建议［J］. 中国农业科技导报（1）：52-55.
杜原，2003. 美国种子产业对我国种业发展的几点启示［J］. 农业综合开发（6）：54-57.
樊建林，2011. 浅谈海南省南繁工作体会［J］. 种子世界（11）：15-16.
樊维，王新红，冯套柱，2011. 三大研发主体 R&D 投资结构效率比较分析［J］. 西安科技大学学报，31（2）：241-247.
范宣丽，刘芳，何忠伟，2015. 北京种子企业市场竞争力研究［J］. 中国种业（3）：1-4.
范艳红，2003. 供应链环境下分销渠道管理研究［D］. 天津：天津大学.
方连平，2005. 南京种子产业现状分析与发展战略探讨［D］. 南京：南京农业大学.
傅家骥，1998. 技术创新学［M］. 北京：清华大学出版社.
傅新红，戴思锐，2004. 中国农业品种技术创新研究［D］. 重庆：西南农业大学.
傅新红，2004. 中国农业品种技术创新研究［D］. 重庆：西南农业大学.
高荣岐，张春庆，2008. 种子生物学［M］. 北京：中国农业出版社.

葛静燕，黄培清，2008. 基于博弈论的闭环供应链定价策略分析［J］. 系统工程学报（1）：111-115.
公王峰，2008. 良种补贴模式之我见［J］. 种子科技（1）：19-20.
公彦德，李帮义，李为相，2008. 三级供应链协调和收益分配机制研究［J］. 统计与决策（1）：185-186.
郭倩倩，2015. 国内外种子企业竞争力比较研究［D］. 北京：中国农业科学院.
郭然，2011. 构建创新型种业提高核心竞争力［J］. 中国种业（12）：15-16.
郭文俊，2003. 建设新型种业体系［J］. 做大做强民族种业（12）：10-12.
海南省农业农村厅. 海南省现代农作物种业发展规划（2016—2025）［OL］. http：//agri. hainan. gov. cn/hnsnyt/xxgk/tzgg/xztz/201701/t20170116_1451474. html.
海南省农业厅，2017-01-12. 海南省农业厅关于印发海南省现代农作物种业发展规划（2016—2025）［OL］. http：//law. foodmate. net/show-190054. html.
何凌冰，陈艳萍，彭学龄，等，2014. 农作物种业发展的特征、趋势与深圳对策［J］. 广东科技（22）：135-137.
胡班琪，蒋樟生，孟梅，等，2008. 三级供应链收入共享协调机制研究［J］. 哈尔滨工程大学学报（2）：198-203.
胡本勇，彭其渊，2008. 基于广告—研发的供应链合作博弈分析［J］. 管理科学学报（2）：61-70.
胡虹文，2003. 农业技术创新与农业技术扩散研究［J］. 科技进步与对策（5）：30-32.
胡凯，张鹏，2013. 我国植物新品种权申请授权状况分析［J］. 技术经济与管理研究（1）：124-128.
胡凯，2011. 企业 R&D 行为影响因素研究［J］. 江西农业大学学报（社会科学版），10（4）：59-63.
胡瑞法，黄季昆，1996. 中国农业科研体制与政策问题的调查与思考［J］. 管理世界（4）：56-58.
胡瑞法，1998. 种子技术管理学概论［M］. 北京：科学出版社.
胡哲一，1993. 国外技术创新研究的基本过程［J］. 科学与科学技术管理，14（9）：51-52.
黄其振，陈杰，2013. 世界种业发展态势及对中国种业的启示［J］. 湖北农业科学，52（23）：5946-5951.
黄小波，吕杰，2004. 种子产业化经营理论与实践研究［J］. 农业经济（8）：15-16.
霍学喜，2002. 国外种子产业发展特征及其管理体制分析［J］. 现代种业（2）：54-56.
纪玉忠，丁晓松，张劲柏，等，2006. 我国种业发展现状分析［J］. 中国种业（4）：5-6.
贾鹏飞，2018. 中国植物新品种权国际竞争力提升策略研究［D］. 大庆：黑龙江八一农垦大学.
江覃德，2002. 加入 WTO 对我国种业的影响及对策探讨［J］. 种子科技（4）：82-83.
江覃德，2005. 世界种业发展趋势与我国种业发展对策（上）［J］. 种子科技（3）：125-128.
江覃德，2005. 世界种业发展趋势与我国种业发展对策（下）［J］. 种子科技（4）：187-189.
江覃德，2000. 我国未来种子产业的发展方向［J］. 种子科技（3）：21-24.
焦金芝，卢菲菲，姜英杰，2007. 良种推广补贴对种子企业生产经营的影响［J］. 中国种业（10）：23-25.
靖飞，李成贵，2011. 跨国种子企业与中国种业上市公司的比较与启示［J］. 中国农村经济（2）：52-59.
靖飞，李成贵，2010. 跨国种子企业在中国种子市场的扩张及启示［J］. 农业经济问题（12）：85-89.
靖飞，李成贵，2011. 威胁尚未构成：外资进入中国种业分析［J］. 农业经济问题（11）：48-53.
孔凡真，2006. 欧美种业的特点及发展趋势［J］. 现代种业（2）：4-6.
李惠钰，2013-12-24. 企业何时能成商业化育种主体？［N］. 农资导报（A07）.
李继刚，2004. 争创品牌种子的三个措施［J］. 种子世界（12）：19-20.
李继军，张武刚，刘琨，2010. 种子企业创新体系建设的关键环节研究

［J］. 中国种业（2）：5-9.
李莉萍，许桓瑜，牛黎明，等，2018. 南繁单位发展需求与对策分析［J］. 农业科技管理，37（6）：26-28.
李萍，2016. 农业科技企业技术创新能力形成机理及路径选择研究［D］. 北京：中国农业大学.
李强，2011. 值得借鉴的国外种业科技创新［J］. 北京农业（11）：12-13.
李强，2011. 值得借鉴的国外种业科技创新［J］. 北京农业（32）：12-14.
李首涵，王祥峰，2019. 种子企业市场竞争力——基于山东种业龙头企业的分析［J］. 中国种业（12）：1-6.
李小中，2005. 中国种业与国际种业接轨工程的构想与设计［J］. 中国种业（5）：10-13.
李欣蕊，齐振宏，邬兰娅，等，2015. 基于 AHP 的中国现代种业发展的 SWOT 分析［J］. 科技管理研究（3）：22-27
李新军，达庆利，2007. 基于决策优先权的闭环供应链运作效益研究［J］. 中国管理科学（15）：406-409.
李艳平，2009. 我国种子企业技术创新问题研究［D］. 泰安：山东农业大学.
凌高，李芙蓉，暴练兵，2004. 实施种子标签管理制度、强化种子质量管理［J］. 种子世界（9）：2-3.
刘定富，2017. 全球种业发展的大趋势［J］. 中国种业（10）：1-6.
刘九洋，2009. 种子产业化现状及我国种业的发展趋势［D］. 郑州：河南农业大学.
刘晴，卢凤君，李志军，等，2013. 转型期北京种业发展的战略路径［J］. 中国种业（11）：7-11.
刘荣志，2015. 南繁科技服务模式研究［M］. 北京：中国农业科学技术出版社.
刘信，邱军，2017. 推进绿色发展新方式，开拓中国种业新局面［J］. 中国农技推广，33（12）：3-4，13.
龙艳妮，李冬梅，2017. 基于商业化育种视角下农作物种业科企合作模式研究——以云南省 L 公司为例［J］. 新疆农垦经济（4）：20-25.
陆龙千，2019. 基于波特钻石理论模型对广西种业竞争力的分析［D］.

南宁：广西大学.
吕先国，2011. 先锋国际良种有限公司的定位策略研究［D］. 杭州：浙江大学.
马琨，2019. 吉林省玉米种业竞争力评价及提升路径研究［D］. 吉林：吉林大学.
迈克尔·波特，1997. 竞争优势［M］. 陈小悦，译. 北京：华夏出版社.
农业部种子管理公司，全国农业技术推广服务中心，农业部科技发展中心，2016. 2016 年中国种业发展报告［M］. 北京：中国农业出版社.
彭玮，2012. 湖北省农作物种业发展路径研究［D］. 武汉：华中农业大学.
任静，2011. 跨国种业公司在我国的技术垄断策略分析［D］. 北京：中国农业科学院.
芮体江，李正满，田景梅，等，2019. 丽江种业发展现状与对策［J］. 农业科技通讯（2）：15-17.
深圳市中咨领航投资顾问有限公司，2017. 2017—2022 年中国种子行业领航调研与投资战略规划分析报告［R］. 深圳：深圳市中咨领航投资顾问有限公司：35.
苏硕军，钟世明，潘惠，等，2012. 基于波特钻石模型的中国种业国际竞争力影响因素分析［J］. 台湾农业探索（6）：33-37
孙炜琳，王瑞波，2008. 农业植物新品种保护面临的瓶颈及原因探析——基于参与主体的角度［J］. 农业经济问题（12）：19-25.
佟屏亚，2007. 南繁托起中国农业走向辉煌——关于南繁基地建设与发展的考察报告［J］. 种业导报（4）：4-7.
王爱群，2007. 吉林省农业产业化龙头企业发展研究［D］. 长春：吉林农业大学.
王创业，2019. 我国植物新品种权申请授权情况分析——基于申请主体视角［D］. 郑州：河南农业大学.
王吉，贾伟，2014. 关于海南南繁产业发展现状存在的问题及发展建议［J］. 价值工程（22）：175-176.
王磊，宋敏，2013. 基于钻石模型的中国种业国际竞争力分析［J］. 中国种业（12）：1-5.
王磊，2014. 全球一体化背景下中国种业国际竞争力研究［D］. 北京：

中国农业科学院.

王炜玮，2013. 安徽种子企业竞争力影响因素分析 [D]. 合肥：安徽农业大学.

王志刚，刘涛，刘荣志，2012. 农作物种业基地的服务需求研究：基于南繁单位的问卷调查 [J]. 山西农经（5）：7-11.

温凤荣，2014. 山东省玉米产业竞争力研究 [D]. 泰山：山东农业大学.

温雯，陈红，杨扬，等，2019. 我国种业改革发展中的植物新品种保护 [J]. 中国种业（3）：9-11.

邬兰娅，齐振宏，李欣蕊，等，2014. 基于“四力模型”的中美种业发展比较研究 [J]. 经济问题探索（9）：102-106.

熊鹰，李晓，陈春燕，2015. 四川省玉米种业竞争力评价研究 [J]. 农村经济（4）：45-49.

许桓瑜，林祥明，黄启星，2018. 南繁生物安全技术管理对策研究 [J]. 农业科技管理，37（6）：16-48.

许桓瑜，林祥明，王明，2017. 南繁科技服务体系建设问题与对策 [J]. 农业科技管理，36（6）：41-44.

许桓瑜，王萍，张雨良，等，2019. 南繁硅谷建设的分析与思考 [J]. 农学学报，9（1）：89-95.

杨娇，陈彤，2014. 基于主成分分析对新疆种子企业的竞争力评价 [J]. 新疆农业科学，51（11）：2137-2143

姚杰，2019. 南繁的意义与育种家对我国粮食生产的巨大贡献——庆贺新中国成立 70 周年 [J]. 中国种业（9）：3-7.

叶献伟，2012. 基于“钻石模型”的河南种业竞争力分析 [J]. 种业导刊（7）：5-8.

张宁宁，2015. 开放环境下中国种业发展研究 [D]. 北京：中国农业大学.

张鹏，2014. 逐步确立商业化育种的主体地位 [J]. 农家参谋（种业大观）（8）：17.

张伟，2010. 中国种子产业化组织与策略研究 [D]. 泰安：山东农业大学.

章政，2013. 中国种子产业发展对策研究 [D]. 哈尔滨：东北农业大学.

周华强，邹向文，李玥，等，2016. 商业化育种战略研究：历程、特点、模式及政府管理行为［J］. 农业现代化研究，37（6）：1045-1054.

周雪松，刘荣志，陈冠铭，等，2012. 南繁：现状与问题——南繁单位调查报告［J］. 中国农学通报，28（24）：161-165.

朱冰凌，2016. 跨国公司对中国种子产业竞争力的影响分析——以玉米种子产业为例［D］. 杭州：浙江大学.

竺三子，刘鹏凌，2014. 基于因子分析法的安徽省种业企业竞争力研究［J］. 安庆师范学院学报（自然科学版），20（2）：24-27.

Barnes-Schuster D，Bassok Y，Anupindl R，2000. Coordination and Flexibility in Supply Contracts with Options［R］. University of Chicago.

Bassok Y，Anupindi R，1997. Analysis of supply contracts with total minimum commitment［J］. HE Trasactions，29：373-382.

Chen L J，Paulraj A，2004. Towards a theory of supply chain management：the constructs and measurements［J］. Journal of Operations Management（22）：119-150.

Campi M，Nuvolari A，2015. Intellectual property protection in plant varieties：A worldwide index（1961 - 2011）［J］. Research Policy，44（4）：951-964.

Eisenhardt K M，Graebner M E，2007. Theory Building from Cases：Opportunities And Challenges［J］. Academy of Management Journal，50（1）：25-32.

Guan Y W，2013. Problems of New Plant Variety Protection System in China and Countermeasures，Asian Agricultural Research［J］. USA-China Science and Culture Media Corporation，5（4）：1-5.

Hamukwala P，Tembo G，Erbaugh J M，et al，2012. Improved seed variety value chains in Zambia：A missed opportunity to improve smallholder productivity［J］. African Journal of Agricultural Research，7（34）：675-689.

Hayes D J，Lence S H，Goggi S，2010. Impact of Intellectual Property Rights in the Seed Sector on Crop Yield Growth and Social Welfare：A Case Study Approach［J］. Staff General Research Papers Archive，12（2）：155-171.

ISF，2011. Estimated Value of the Domestic Seed Market in Selected Countries for the year，http：//www. worldseed. org/isf/seed_ statistics. html.

Philip H H, 2009. Visualizing Consolidation in the Global Seed Industry: 1996-2008. [J]. Sustainability, (1): 1266-1287.

Pray C E, 2001. Public Private Sector Linkage in Research and Development: Biotechnology and the Seed Industry in Brazil, China and India [J]. American Journal of Agricultural Economies, 83 (3): 742-747.

Premila N S, 2011. India's Agriculture and Food Multinationals: a First Look [J]. Transnational Corporations Review, 3 (2): 31-49.

Tomaselli K G, 2013. Film cities and competitive advantage: Development factors in South African film [J]. Journal of African Cinemas, 5 (2): 237-252 .

Zhou M Y, Sheldon I, Eum I, 2018. The role of intellectual property rights in seed technology transfer through trade: evidence from U. S. field crop seed exports, Agricultural Economics [J]. International Association of Agricultural Economists, 49 (4): 423-434.

附　表

表 1　海南省农作物种业科研机构调查问卷

单位名称（选填）：　　单位地址（选填）：

联系人姓名（选填）：　　电话（选填）：　　邮箱（选填）：

一、基本情况

注册时间		机构类型	A. 企业法人　B. 事业法人 C. 法人内设机构　D. 其他
单位	A. 高校　B. 科研院所　C. 其他	主要研究方向	
注册资金（万元）		年末从业人员	
近 5 年研发均经费（万元）		研发人员	共____人，其中国内本科____人；国内研究生____人；海外留学归来____人；技术人员培训____人次
实验室规模	____个，共____m^2	实验基地规模	____个，共____m^2
技术转让收入（万元）		技术引进费用（万元）	
近五年取得的成果	商业育种研究____项，基础研究____项	机构拥有的专有技术	____项
总体技术自给水平（%）		新产品平均研发周期	____天

二、技术研发状况

1. 贵单位主要以____为主。

A. 基础性研究　B. 商业化育种　C. 其他

2. 研发活动主要合作机构属于______。

A. 高校　B. 科研机构　C. 大型企业　D. 中小企业　E. 其他

3. 机构研发投入状况：

(1) 机构年研发经费总额（　）万元，其中：基础研究经费（　）万元，应用研究经费（　）万元，实验与发展经费（　）万元。

(2) 机构研发经费来源：自筹占（　）%，国家拨款占（　）%，国家课题占（　）%，企事业单位课题占（　）%。

(3) 机构年研发经费支出总额（　）万元，其中：人员经费（　）万元，购置仪器设备经费（　）万元，购置实验耗材经费（　）万元，日常管理经费（　）万元，学术交流研讨经费（　）万元，其他（　）万元。

三、其他

1. 你认为贵单位面临的最大困难是什么？

A. 市场运作经验　B. 缺乏人才　C. 经费短缺　D. 体制不顺

E. 科研条件　F. 领导才能　G. 社会保障问题　H. 政府支持

I. 分配制度　J. 思想观念　K. 市场准入　L. 其他

2. 请对你们的服务对象由主到次排序。

A. 政府　B. 企业　C. 公众　D. 其他

3. 你认为科研院所创新环境建设中最重要的因素是什么？

A. 创新政策支持　B. 院所的创新文化建设　C. 面向市场的创新机制

D. 有效的激励机制　E. 其他

4. 你认为对职工应该采取什么样的激励方式来鼓励创新？

A. 成果奖励　B. 绩效奖励　C. 技术入股　D. 职工持股　E. 其他

5. 你认为贵单位应该向什么方向改制？

A. 改为非营利性机构　B. 改为中介机构　C. 改制为科技型企业

D. 进入企业成为其工程技术中心　E. 进入大学

F. 与其他院所合并　G. 仅进行内部体制改革其他

6. 贵单位对提升种业科技创新能力有何意见或建议（可附页）：

____

____

表 2　海南省农作物种子企业发展情况调查问卷

单位名称（选填）:　　　　　　　　　　填表人（选填）:

单位地址（选填）:　　　　　　　　　　联系电话（选填）:

电子邮箱（选填）:

<table>
<tr><td>注 册 资 金（万元）</td><td colspan="3"></td><td>贵企业属于</td><td colspan="2">A. 国有股份制企业
B. 国有控股企业
C. 民营企业
D. 合资企业</td></tr>
<tr><td>是否属于与繁推一体化企业</td><td colspan="3">A. 是　　B. 否</td><td>该企业是否规划上市</td><td colspan="2">A. 是　　B. 否</td></tr>
<tr><td>企业主营品种</td><td colspan="3">品种　种植面积　产量
1.
2.
……</td><td>企业主营业务（多选）</td><td colspan="2">A. 育种　B. 繁育
C. 加工　D. 销售</td></tr>
<tr><td>自育品种</td><td colspan="6">1.　　　　2.　　　　3.　　　　……</td></tr>
<tr><td>种子质量合格率（%）</td><td colspan="3"></td><td>填表时间</td><td colspan="2"></td></tr>
<tr><td rowspan="4">资产情况</td><td>项目</td><td>2015 年</td><td>2016 年</td><td>2017 年</td><td>2018 年</td><td>2019 年</td></tr>
<tr><td>总资产（万元）</td><td></td><td></td><td></td><td></td><td></td></tr>
<tr><td>固定资产（万元）</td><td></td><td></td><td></td><td></td><td></td></tr>
<tr><td>自有资本（万元）</td><td></td><td></td><td></td><td></td><td></td></tr>
<tr><td rowspan="5">经营状况</td><td>年销售种子数量（t）</td><td></td><td></td><td></td><td></td><td></td></tr>
<tr><td>销售收入（万元）</td><td></td><td></td><td></td><td></td><td></td></tr>
<tr><td>利润（万元）</td><td></td><td></td><td></td><td></td><td></td></tr>
<tr><td>税收（万元）</td><td></td><td></td><td></td><td></td><td></td></tr>
<tr><td>创汇（万美元）</td><td></td><td></td><td></td><td></td><td></td></tr>
<tr><td rowspan="4">技术引进开发情况</td><td>贵企业技术来源于</td><td colspan="5">A. 自主研发　B. 国内引进　C. 国外引进　D. 其他</td></tr>
<tr><td>贵企业科技成果来源于</td><td colspan="5">A. 企业自主研发　B. 高校成果　C. 科研院所成果
D. 国外引进　E. 外地引进　F. 个人非职务成果</td></tr>
<tr><td>贵企业在产品开发中采取方法</td><td colspan="5">A. 自主研发　B. 委托高校　C. 委托科研院所　D. 与高校科研单位联合开发　E. 到技术产权交易市场购买</td></tr>
<tr><td>贵企业现拥有专利</td><td colspan="5">取得品种成果____项，其中国外/国际专利____项，新品种保护____项</td></tr>
</table>

（续表）

<table>
<tr><td rowspan="1">技术引进开发情况</td><td>自助创新发展过程中需要的服务内容</td><td colspan="6">A. 成果转化项目认定　B. 高新技术企业认定　C. 创新基金申报　D. 提供各类资金服务（投资、融资、贷款担保、技术入股、股权转让等）　E. 提供政策支持服务　F. 提供各类科技信息　G. 推荐合适的技术成果　H. 解决各类技术难题　I. 介绍合作伙伴　J. 各类项目、产品网上展示　K. 组织企业相互交流（企业家交流、各类产品、技术交流等）　L. 组织各类专题活动（政策解说、知识产权保护等各类专题讲座）　M. 提供生产、试验场地或设备及孵化基地　N. 提供各类中介服务　O. 提供各类成果检测、查新服务　P. 提供产品外观，工艺流程设计服务　Q. 提供产品宣传、拓展国内外市场　R. 提供专家在线咨询　S. 提供交流平台　T. 其他</td></tr>
<tr><td rowspan="4">内部质量控制体系</td><td>检验室面积（m^2）</td><td></td><td>持证检验人员（人）</td><td></td><td colspan="2">非持证检验人员（人）</td><td></td></tr>
<tr><td>年检样品数（个）</td><td></td><td>代表种子（万 kg）</td><td></td><td colspan="2">样品合格率（%）</td><td></td></tr>
<tr><td>种子生产田间检验面积（亩）</td><td></td><td>合格面积（亩）</td><td></td><td colspan="2">淘汰种子生产面积（亩）</td><td></td></tr>
<tr><td>是否建立内部质量管理体系</td><td></td><td>有哪些质量管理体系文件</td><td></td><td colspan="2">是否通过管理体系认证</td><td></td></tr>
<tr><td rowspan="7">人才情况</td><td colspan="2">项目</td><td>2015 年</td><td>2016 年</td><td>2017 年</td><td>2018 年</td><td>2019 年</td></tr>
<tr><td colspan="2">员工总数（人）</td><td></td><td></td><td></td><td></td><td></td></tr>
<tr><td colspan="2">具有大专及以上人数（人）</td><td></td><td></td><td></td><td></td><td></td></tr>
<tr><td colspan="2">从事研究的科技人员（人）</td><td></td><td></td><td></td><td></td><td></td></tr>
<tr><td colspan="2">获得省级以上科研成果奖励的人数（人）</td><td></td><td></td><td></td><td></td><td></td></tr>
<tr><td colspan="2">从事标准化生产专职或兼职人数（人）</td><td></td><td></td><td></td><td></td><td></td></tr>
<tr><td colspan="2">技术人员培训人次</td><td></td><td></td><td></td><td></td><td></td></tr>
<tr><td rowspan="4">融资情况</td><td colspan="2">融资规模（万元）</td><td></td><td></td><td></td><td></td><td></td></tr>
<tr><td colspan="2">融资成本占融资规模比例（%）</td><td></td><td></td><td></td><td></td><td></td></tr>
<tr><td colspan="2">企业融资的主要方式</td><td colspan="5">A. 通过担保机构贷款　B. 公开发行股票或债券　C. 引入战略投资者或风险投资　D. 转让部分股权或产权融资　E. 申请政府资助</td></tr>
<tr><td colspan="2">融资困难的主要原因</td><td colspan="5">A. 抵押品要求过高　B. 信用审查过严　C. 贷款手续太烦琐　D. 贷款利率和其他成本太高　E. 融资渠道太狭窄　F. 难以获得第三方担保　G. 缺乏民营中小银行　H. 企业项目投资价值不够，对资本吸引力低　I. 公司缺乏高水平的金融资本人才　J. 其他</td></tr>
</table>

（续表）

<table>
<tr><td rowspan="11">市场情况</td><td>销售价格与市场同类产品相比</td><td colspan="5">A. 高于市场同类产品价格　B. 大致相同　C. 低于市场同类产品价格</td></tr>
<tr><td>经营网点（个）</td><td colspan="5"></td></tr>
<tr><td>市场销售网点覆盖区域</td><td colspan="5">全市范围内　B. 全省范围内　C. 全国范围内　D. 国际范围内</td></tr>
<tr><td>主要客户群</td><td colspan="5">A. 政府采购　B. 个人　C. 社会团体或企业</td></tr>
<tr><td>产品的主要竞争优势</td><td colspan="5">A. 品种　B. 价格　C. 质量　D. 营销（含包装、广告宣传等）</td></tr>
<tr><td>产品的主要竞争劣势</td><td colspan="5">A. 品种　B. 价格　C. 质量　D. 营销（含包装、广告宣传等）</td></tr>
<tr><td>主要竞争对手数量</td><td colspan="5">A. 20 家以上　B. 10~20 家　C. 5~10 家　D. 5 家以下</td></tr>
<tr><td>主要竞争对手企业或组织名称</td><td colspan="5"></td></tr>
<tr><td>项目</td><td>2015 年</td><td>2016 年</td><td>2017 年</td><td>2018 年</td><td>2019 年</td></tr>
<tr><td>国内占有率（%）</td><td></td><td></td><td></td><td></td><td></td></tr>
<tr><td>国际占有率（%）</td><td></td><td></td><td></td><td></td><td></td></tr>
<tr><td rowspan="5">其他</td><td>企业享受的扶持政策</td><td colspan="5">A. 税收信贷优惠　B. 种子基地建设　C. 科研项目　D. 其他</td></tr>
<tr><td>企业最希望获得的扶持政策</td><td colspan="5">A. 税收信贷优惠． B 种子基地建设　C. 科研项目　D. 其他</td></tr>
<tr><td>企业希望政府部门加强管理的方面</td><td colspan="5">A. 品种管理　B. 种子质量管理　C. 对经销商的管理　D. 种子信息服务　E. 发布市场检查结果　F. 其他</td></tr>
<tr><td>企业面临的主要风险</td><td colspan="5">A. 资金短缺　B. 规模较小　C. 生产研发基地较小　D. 科技创新难度大　E. 市场开拓困难　F. 公司治理结构存在问题　G. 缺乏优秀人才与出色团队</td></tr>
<tr><td>企业在经营发展中遇到的外部障碍</td><td colspan="5">A. 政策法规的透明度和执行落实　B. 政府管理水平和服务意识　C. 场地租赁、土地购买及建设　D. 企业注册手续办理　E. 税负及税收征管　F. 人力资源供应　G. 知识产权　H. 融资环境与融资渠道　I. 产业链合作配套　J. 外部技术支持（产学研合作、公共技术平台等）　K. 科技中介服务　L. 交通、物流　M. 基础设施（能源、通讯、生活配套等）　N. 核心知识产权　O. 产、学、研、资沟通　P. 其他</td></tr>
</table>

表3 海南省种子行政管理机构调查问卷

单位名称（选填）：　　　　　　　　单位地址（选填）：
联系电话（选填）：　　　　　　　　电子邮箱（选填）：

一、基本情况

机构情况							职能职责	
种子管理机构数量	共有编制数量(个)	独立机构(个)	与综合执法机构合署办公(个)	属综合执法内设机构的(个)	机构行政级别升格	参与管理的机构	核定职能	实际工作

注：“核定职能”指编制主管部门正式批准的单位职能。“实际工作”指近5年来，实际完成的主要农业工作。

二、人员构成

人员经费支出结构（人）				人员职称结构（人）			人员学历结构（人）		
全额	差额	自收自支	合计	专业技术人员	高级职称	中级职称	本科及以上	专科学历	中专学历

人员年龄结构（人）				人员专业结构（人）			
18~30岁	30~40岁	40~50岁	50岁以上	农学及相关专业	经济及相关专业	财务及相关专业	其他专业

注：年龄上限不在内。

人员岗位情况（人）			人员岗位结构（人）		
核定编制	实有人数	在岗人数	管理岗位	技术岗位	双兼岗位

注：“核定编制”指编制主管部门正式批复的机构编制人数。“实有人数”指该机构目前在册人数，该数可以大于、小于、等于“核定编制”。“在岗人数”指常年在本机构的本职岗位工作的人员总数，被其他机构“借用”半年以上者计为“不在岗”，被上级安排“挂职”者计为在岗。

人员培训情况（人）							执法人员情况（人）		
参加过质检相关培训人数	培训时间3个月以上的	参加过执法相关培训	培训3个月以上的	参加过财务相关培训的人数	培训时间3个月以上的	参加过其他专业培训的人数及培训内容	办理《农业农村部农业行政执法证》	办理《省政府行政执法证》	办理《省政府行政执法监管证》

三、工作经费保障及开支情况

经费收入（万元）						经费支出（万元）				
项目		年度				项目	年度			
		合计	2016	2017	2018		合计	2016	2017	2018
一、本级财政预算拨入						一、人员经费				
人员经费						人员工资				
离退休费						其他				
日常公用经费						二、离退休费				
业务经费						三、日常公务费				
上缴财政收费资金返还						四、业务费				
其中：	事业收费					五、上缴任务				
	罚款返还					六、其他				
国有资产收益拨款										
二、本级财政其他拨入										
三、预算外其他资金收入										
四、上级补助收入										
五、其他收入										
从其他财政部门取得的财政拨款（非本级）										
其他										
全年实际收入合计						全年实际支出合计				

表4　种子生产基地调查问卷

单位名称（选填）：　　单位地址（选填）：　　电子邮箱（选填）：

一、生产基地地点

______________________________________。

二、基地生产方式基本情况

1. 种子企业自主组织生产：本企业具体从事生产的人员（　）人，雇佣的工人（农户）（　）人，本企业生产人员平均年收入（　）元，雇佣的工人（农户）平均年收入（　）元。

2. 委托生产或其他生产方式请填下表：

指标值	委托对象	成立时间	注册资金（万元）	成员人数（人）	年销售额（万元）	成员年均收入（元）
委托生产						
其他						

三、生产基地基本情况

指标值	种子生产面积（亩）	年生产种子量（万 kg）	受托制繁种农户数（户）	人员职称结构（人）			开展技术培训情况
				高级职称	中级职称	初级职称	
省内							
省外							

四、基地土地性质

指标值	基地土地持有方式						年限	土地价格（亩/元）	其他
	流转	面积	租赁	面积	其他	面积			
省内									
省外									

五、基础设施情况

生产用农机具数量（台）	加工设备数量（台）	检验设备数量（台）	运输工具数（辆）	各类仓储式面积（m^2）	晒场（m^2）	其他

六、基地种子生产成本

作物类别	省内（亩/元）					省外（亩/元）				
	用种数	农资费	用工费	其他	总成本	用种数	农资费	用工费	其他	总成本
水稻										
油菜										
……										

七、意见建议

1. 您认为种子生产基地建设还需哪些配套政策和支持措施？
2. 您认为种子生产基地建设还存在哪些问题？
3. 您对完善种子生产基地建设有哪些建议？

表5 农户使用种子情况调查问卷

户主姓名（选填）： 地址（选填）： 调查日期： 年 月 日

一、家庭基本信息

1. 家庭人口数：____人。其中，从事农业种植劳动力____人；外出打工____人。
2. 家庭生产经营规模：______。
   A. 一般农户 B. 专业大户
3. 您的家庭年收入____元。其中，种植农作物年收入____元。

4. 农业劳动力最高文化程度：__________。

A. 文盲或半文盲　B. 小学　C. 初中　D. 高中　E. 高中以上

5. 农业劳动力构成：男性____人，女性____人；青壮年____人，老人____人。

二、农作物种植情况

农作物种类	播种面积（亩）	亩产量（kg）	满意的品牌和种子公司（可多写）

您认为农作物增产最重要的原因是什么？

A. 肥料　B. 气候　C. 种子　D. 其他

三、与种子有关的调查问题

1. 您所购买的种子主要来自______。

A. 本省　B. 外省

2. 您家农作物种子的主要来源渠道：（可多选）______。

A. 种子公司　B. 种子经销商　C. 农技站　D. 自留种子　E. 其他

3. 您一年用于购买种子花费的支出有多少？______

A. 500元以下　B. 500~1 000元　C. 1 000~5 000元

D. 5 000~10 000元　E. 10 000元以上

4. 您对农作物种子价格的感受如何？______。

A. 太高，不能接受　B. 偏高，勉强接受　C. 合理，能够接受

D. 较低，欣然接受

5. 您所购买的农作物种子包装标识（载明种子类别、品种名称、产地、质量指标、数量、适用范围、生产日期等项）：______。

A. 规范　B. 不规范　C. 没有注意

6. 请您对影响种子质量的指标，按重要程度排列：______。

A. 纯度　B. 发芽率　C. 净度　D. 水分

7. 您主要看重农作物品种的哪些特性（请选择三项，且按重要程度排列）：______。

A. 产量高　B. 品质优　C. 抗性强　D. 生育期短　E. 适应性广

8. 您在市场上购买的农作物种子，种植后的效果如何？______。

A. 能够达到说明书上所描述效果　B. 比说明书所描述的效果稍差

C. 没有达到说明书所描述的效果

9. 您选择种子品牌的主要依据是：______。

A. 农技人员、经销商店主的推荐　B. 个人的经验

C. 亲戚朋友介绍　D. 广告宣传

10. 影响您对某公司某品牌农作物种子满意的因素有______。

A. 种子质量　B. 种子价格　C. 售后服务　D. 公司实力、信誉

E. 公司宣传　F. 其他

11. 您对所购种子企业售后服务、技术指导：______。

A. 非常满意　B. 满意　C. 不满意　D. 非常不满意

12. 您对农作物新品种试种的态度？______。

A. 愿意试种　B. 少量试种　C. 持观望态度　D. 不愿意试种

13. 您通过哪些渠道了解有关种子科技知识？（可多选）______。

A. 电视　B. 有线广播　C. 黑板报　D. 科技手册

E. 短期培训班　F. 其他

14. 当因种子质量问题导致受损时，您会选择：（可多选）______。

A. 与经销商交涉　B. 到消协、工商部门投诉　C. 到农业管理部门反映

D. 到其他单位反映　E. 自认倒霉

15. 您认为当前种子市场存在的主要问题是什么？（可多选）______。

A. 套牌侵权　B. 品种多乱杂　C. 种子质量差

D. 种子经营主体多、乱、杂，经营行为混乱

E. 广告宣传内容不实，种子标签标注不实

F. 种子经销商诚信度差

16. 请您对下列种子监管工作，按满意程度排列：______。

A. 品种管理　B. 种子质量管理　C. 对经销商的管理

D. 种子信息服务　E. 种子使用指导　F. 其他

17. 您最希望政府提供的种子相关服务是什么？______。

A. 推荐品种　B. 发布市场检查结果　C. 种子使用指导　D. 其他

18. 您购买的农作物种子政府有补贴吗？补贴标准如何？

19. 您购买的农作物种子有保险吗？赔付标准如何？

20. 您认为农作物种子市场监管工作存在哪些不足？对种子市场监管工作的相关要求和建议有哪些？

表 6 南繁单位调查问卷

<table>
<tr><td>省份</td><td colspan="2"></td><td>单位</td><td colspan="2"></td><td>地点</td><td colspan="2"></td><td colspan="2">联系人及电话</td><td></td></tr>
<tr><td rowspan="8">用途及面积(亩)</td><td>科研育种</td><td></td><td rowspan="8">土地取得方式及费用(元/亩/年)</td><td>一年租期</td><td></td><td rowspan="8">作物类型及面积(亩)</td><td>水稻</td><td></td><td colspan="2">来海南从事南繁的专家人数(人/年)</td><td></td></tr>
<tr><td>亲本扩繁</td><td></td><td>2～5 年租期</td><td></td><td>玉米</td><td></td><td colspan="2">南繁季节雇佣当地农民工的数量</td><td></td></tr>
<tr><td rowspan="2">种子纯度鉴定</td><td rowspan="2"></td><td rowspan="2">5～10 年租期</td><td rowspan="2"></td><td rowspan="2">棉花</td><td rowspan="2"></td><td rowspan="6">基地上临时建设用地面积(m^2)</td><td>住房</td><td></td></tr>
<tr><td>仓库</td><td></td></tr>
<tr><td rowspan="2">制种</td><td rowspan="2"></td><td rowspan="2">10 年以上租期</td><td rowspan="2"></td><td rowspan="2">瓜菜</td><td rowspan="2"></td><td>办公</td><td></td></tr>
<tr><td>晒场</td><td></td></tr>
<tr><td>转基因</td><td></td><td rowspan="2">永久租用</td><td rowspan="2"></td><td rowspan="2">其他</td><td rowspan="2"></td><td rowspan="2">其他</td><td rowspan="2"></td></tr>
<tr><td>其他</td><td></td></tr>
</table>

本单位在海南从事南繁还有哪些需求？(可附页)。

____

____